오일러가 들려주는 **파이** 이야기

오일러가 들려주는 파이 이야기

ⓒ 오채환, 2010

초   판   1쇄 발행일 | 2005년 11월 17일
개정판   1쇄 발행일 | 2010년 9월 1일
개정판 11쇄 발행일 | 2021년 5월 31일

지은이 | 오채환
펴낸이 | 정은영
펴낸곳 | (주)자음과모음

출판등록 | 2001년 11월 28일 제2001-000259호
주   소 | 04047 서울시 마포구 양화로6길 49
전   화 | 편집부 (02)324-2347, 경영지원부 (02)325-6047
팩   스 | 편집부 (02)324-2348, 경영지원부 (02)2648-1311
e-mail | jamoteen@jamobook.com

ISBN 978-89-544-2070-9 (44400)

참! 신비롭군!

오일러가 들려주는

파이 이야기

| 오채환 지음 |

|주|자음과모음

오일러를 꿈꾸는
청소년을 위한 '파이(π)' 이야기

　수학의 역사에서 원주율 파이(π)는 단순히 하나의 수가 아
닙니다. 인류의 기원과 더불어 나타나서 아직도 진행 중인
수학 연구는 문화 전반에 대한 중요한 '시상화석'에 해당합니
다. 따라서 관련된 수학자도 수없이 많습니다. 그렇더라도
가장 중요한 인물 하나만 꼽으라면 단연 오일러입니다. 물론
그는 파이(π)의 연구에만 남달랐던 것이 아니라, 수학의 모든
분야에서 단연 돋보이는 연구를 했습니다.

　오일러를 수학계의 모차르트라고 부르는 것은 결코 과장된
칭찬이 아닙니다. 그의 풍부한 학문적 바탕에서 집중적으로
파이(π)를 살피는 일은 하나의 특별한 수에 대한 이해를 훨씬

넘는 작업입니다. 실제로 파이(π)는 수학 세계의 전체를 들여다 볼 수 있는 창과 같은 구실을 하고 있습니다. 동서를 막론하고 고대 문명 전 지역에서 파이(π)를 연구하기 시작하여 오늘날까지 계속되고 있다는 사실이 그 단적인 증거입니다.

이 책도 기본적으로 역사적인 흐름을 뼈대로 하기 때문에 현대적인 내용의 간략한 소개까지 담지 않을 수 없습니다. 따라서 독자에 따라서는 소화하기에 다소 벅찬 내용도 실려 있습니다. 그런 내용은 심화 학습의 몫으로 남겨 두었으므로, 각자의 학습 수준에 따라 두고두고 참고하기를 바랍니다. 그런 만큼, 부디 이 조그만 책이 오래도록 독자들의 과학적 사고와 영감을 자극하는 데 조금이나마 도움이 된다면 저자로서 더없는 보람일 것입니다.

끝으로, 이 책을 정성껏 다듬어 흔쾌히 펴낸 (주)자음과모음 식구들에게 깊은 감사의 마음을 전합니다.

오 채 환

원주율 파이(π)가
왜 그토록 중요한가요?

　수학을 공부하는 많은 사람들이 원주율 파이(π)의 중요성에 대해 질문합니다. 이 질문에 대한 대답은 '원주율 파이(π)는 반드시 알아야 하는 값이지만 정확하게 밝히기가 어렵기 때문'입니다.

　세상에는 무수히 많은 도형이 있습니다. 지혜가 많은 동물인 인간은 그 많은 도형들 중에서 몇몇 중요한 것들만 잘 알면 모든 도형을 파악할 수 있음을 일찍 깨달았습니다.

　그런 중요한 도형들 중에서도 으뜸인 도형의 하나가 원입니다. 생각해 보면 원은 그 자체로도 신비로운 매력을 갖고 있습니다. 그뿐만 아니라 완벽하게 둥근 모양을 하고 있는 원은 중요한 사실들을 담고 있습니다.

이를테면 원에 담긴 사실들은 자연 현상의 이해나 유용한 도구 및 훌륭한 건축물을 제작하는 데에도 반드시 필요한 지식입니다. 따라서 원이라는 도형에 대해 예부터 동서양을 가리지 않고 열심히 연구되었던 것입니다.

생김새로 봐서는 예쁘고 단순하여 쉽게 파악할 수 있을 것처럼 여겨지는데, 막상 다루려면 어려움이 나타납니다. 그것은 다름 아닌 원둘레, 즉 원주의 길이를 정확하게 알기 어렵다는 점입니다.

사실 파이(π)라는 기호는 원의 둘레가 지름의 몇 배인가를 나타내는 기호일 뿐입니다. 그 값을 '원주율'이라 하는데 그것만 알면 원에 관해서는 필요한 모든 지식을 얻을 수 있습니다. 원주율이 중요한 이유로 예를 하나 들어 보지요.

원의 넓이를 알고자 해도 원주율을 알아야 합니다. 다음 페이지의 그림을 봅시다.

다음에 나오는 원은 가는 털실을 촘촘히 감아서 만든 것입니다. 따라서 이 원의 넓이는 곧 털실이 차지하는 넓이입니다. 그 넓이를 보기 좋게 만들어 재기 위해서 그림처럼 가위로 원의 중심까지 잘라 봅니다. 그리고 실을 똑바로 펴서 줄을 맞추어 늘어놓습니다.

반
지
름

원주

그러면 원과 넓이는 같지만 직각삼각형 꼴로 모양만 바뀌겠지요. 이런 꼴의 넓이는 쉽게 계산할 수 있습니다. (삼각형의 넓이)=(밑변)×(높이)÷2를 계산하면 되지요. 여기서 높이는 원의 반지름이므로 그 값을 쉽게 알 수 있고, 밑변은 지름이 1인 원의 둘레, 즉 원주입니다.

따라서 원의 넓이를 구하기 위해서는 원주를 알아야 하고, 그러기 위해서는 원주율 파이(π)를 반드시 알아야 합니다. 원 모양과 관련된 다른 모든 정보(부피, 겉넓이 등)를 알기 위해서도 원주율은 반드시 알아야 합니다.

즉, 원주율은 원의 모든 것을 아는 열쇠인 셈입니다. 그래서 정말 중요하지요. 그러면 지금부터 원주율을 구하기 위해서 어떤 노력과 연구가 있었는지 알아봅시다.

차례

1 첫 번째 수업

메소포타미아의 파이 이야기 ◦ 13

2 두 번째 수업

이집트의 파이 이야기 ◦ 29

3 세 번째 수업

인도의 파이 이야기 ◦ 39

4 네 번째 수업

중국의 파이 이야기 ◦ 51

5 /다섯 번째 수업

그리스의 파이 이야기 ◦ 69

6 /여섯 번째 수업

삼각함수와 호도법 ◦ 89

7 /일곱 번째 수업

르네상스를 거치며 ◦ 109

8 /마지막 수업

심화 수업 ◦ 125

부록

수학자 소개 ◦ 148
수학 연대표 ◦ 150
체크, 핵심 내용 ◦ 151
이슈, 현대 수학 ◦ 152
찾아보기 ◦ 154

메소포타미아의 파이 이야기

시간과 각도를 나타내는 데 쓰는 60진법은
메소포타미아 문명의 바빌로니아 사람들이
원주율 파이(π)를 구하는 과정에서 비롯된 유산입니다.

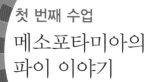

첫 번째 수업
메소포타미아의
파이 이야기

교. 초등 수학 6–2   4. 원과 원기둥
과. 중등 수학 1–1   Ⅰ. 집합과 자연수
연. 중등 수학 1–2   Ⅲ. 평면도형
계. 중등 수학 3–1   Ⅰ. 제곱근과 실수
     중등 수학 3–2   Ⅳ. 삼각비
     고등 수학 1–2   Ⅲ. 삼각함수

오일러가 학생들에게 질문을 하며
첫 번째 수업을 시작했다.

수업에 들어가기에 앞서 1가지 질문을 먼저 하겠습니다. 여러분은 원의 둘레가 정확하게 지름의 몇 배나 되는지 스스로 구해 본 적이 있나요?

제자 일동 …….

그러면 몇 배라고 알고 있나요?

견자 3.14배요.

향원 3.14보다 조금 더 큰 값이지만, 그냥 3.14배라고 해도 크게 틀리지 않는다고 알고 있습니다.

광인 저도 향원과 같은 생각입니다만, 소수로 표시하는 것은 불가능하다고 알고 있습니다.

예상했던 대로 잘 알고 있군요. 그렇지만 우리가 이 수업을 통해서 더 알아야 할 것이 있습니다.

하나는 좀 더 정밀한 원주율 값을 구하는 방법입니다. 물론 하나의 상수(일정한 수)로 볼 수 있는 원주율을 π라는 문자로 표기한 것은 18세기입니다.(등호(=)를 비롯한 대부분의 수학 기호가 16세기에 등장한 것에 비해서 파이(π)의 표기는 늦은 편임)

π의 값은 이미 소수점 아래 수십억 자리까지 구했기 때문에 실용적 차원에서 사용하기 위해서는 모자람이 없습니다. 그렇지만 언젠가는 더욱 정밀한 값이 요구될 것입니다. 따라서 π의 값을 구하는 방법의 개선은 영원히 진행되어야 할 과제입니다.

더욱 중요한 것은 π라는 수 자체의 정체입니다. 과학자들은 물질을 좀 더 정확하게 이해하기 위해서 어마어마한 규모의 입자 가속기에 충돌 실험을 합니다. 따라서 원자보다도 훨씬 작은 소립자를 발생시켜 물질의 근원적 정체를 밝히기 위한 자료를 모으는 것처럼, 더욱더 정밀한 π의 값을 구함으로써 유용하고 결정적인 정체를 파악하게 됩니다.

이는 눈앞의 실용성을 떠난 '수의 세계' 자체에 대한 탐구라고 할 수 있습니다. 그렇지만 결코 쓸데없는 연구가 아니라, 오히려 더 근본적인 문제 해결에 기여함을 알게 될 것입니다.

그러한 이유로 가장 오래전에 시작된 탐구가 아직도 진행되고 있는 것입니다. π의 값이 무리수임을 밝힌 것도 그리 오래된 일이 아닙니다.

견자 π가 당연히 무리수라고만 생각했는데 막상 그것을 증명하라고 한다면 어떻게 해야 할지 모르겠네요. 누가, 언제, 어떻게 증명했나요?

내가 60세를 막 넘은 시점인 1768년에 독일의 수학자 람베르트(Johann Lambert, 1728~1777)가 증명했습니다.

방법은 먼저 증명한 하나의 일반적인 사실을 바탕으로 했습니다. 먼저 삼각함수 $\tan x$에서 x의 값이 0이 아닌 유리수일 때, $\tan x$는 절대 유리수가 될 수 없음을 증명했습니다. 그런데 $\tan\dfrac{\pi}{4} = \tan 45° = 1$로서 유리수입니다. 따라서 $\dfrac{\pi}{4}$는 절대 유리수일 수가 없습니다. 그러므로 π는 무리수임을 증명할 수 있었지요.

광인 그 이후로 π의 정체가 더 밝혀졌나요?

나중에 다시 정리하겠지만, 우여곡절 끝에 독일의 수학자 린데만(Carl Lindemann, 1852~1939)이 1882년에 π가 초월수임을 증명했습니다. 그렇지만 고대에는 π라는 수의 정체보다는 실용적인 면에서 정확성을 밝히는 것이 우선이었습니다.

왜냐하면 원주율 π는 원의 둘레뿐만 아니라 원의 넓이, 구나 원기둥, 원뿔의 부피 등 원형과 관련된 모든 정보에 따라다니는 값임을 알았기 때문입니다.

그럼 지금부터 원주율 π에 대한 관심과 연구가 얼마나 오래된 일이며 또한 얼마나 널리 행해졌는지를 확인하기로 하겠습니다.

그 첫 번째 수업으로 가장 오래된 문헌을 보유하고 있는 메소포타미아 문명(대략 5,000년 전)의 경우를 살펴보기로 하지요.

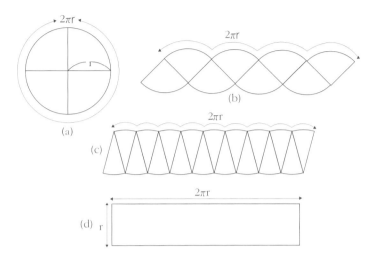

고대인들이 원의 넓이를 결정하는 방법: 원주율을 알아야 원의 넓이도 알 수 있다. 이 그림은 도형을 재배치하여 원의 넓이를 결정하는 방법을 보여주는 것으로 도형 (b), (c), (d)의 넓이는 (a)의 2배이다.

견자 선생님, 구약 성경에도 원주율 π에 대한 언급이 나오는데 그것이 메소포타미아나 이집트 문헌보다 더 오래된 것 아닌가요? 둘 다 아주 오래된 것이라고만 알았지 어느 것이 더 먼저인지는 구분을 못하겠어요.

물론 구약 성경도 오래된 문헌이고 원주율 이야기가 실려 있습니다. 예를 들어 《열왕기》에 보면 지름에 대한 원둘레의 비, 즉 원주율이 3이라고 밝히고 있습니다.

이 문헌의 작성은 기원전 550년경 유대인이 했는데 그 원전은 수백 년 정도 더 거슬러 올라갑니다. 그렇더라도 기원전 3,000년경으로 추정되는 메소포타미아 문헌이 더 오래된 것입니다.

향원 그 점은 잘 알겠습니다. 그런데 수학사 문헌을 보면 보통 가장 오래된 수학의 창시자로 이집트 인을 꼽던데요?

거기에는 이유가 있습니다. 오늘날 참고할 수 있을 만큼 해독된 것은 이집트의 문헌이 먼저였기 때문입니다. 1779년 이집트에 파견된 나폴레옹 원정대가 알렉산드리아 근처의 로제타라는 항구에서 발굴한 것으로, 3가지 언어로 된 석판(로제타석이라 부름)이 상형문자 해독의 결정적 계기를 제공했습니다.

똑같은 내용으로 된 3가지 언어 가운데 이미 알고 있는 그리스 어를 열쇠 삼아 암호와도 같은 고대 이집트 상형 문자를 해독했던 것입니다. 그럼으로써 많은 이집트 파피루스 문서 자료를 복원할 수 있었습니다.

반면에 바빌로니아의 설형문자 해독은 훨씬 늦었으며, 특히 수학 관련 문헌 해독의 중요한 성과는 1936년에 들어서

로제타석

설형 문자

해독된 이집트 상형 문자

시작되었고 아직도 진행 중입니다.

그 당시 바빌론에서 조금 떨어진 수사(Susa)에서 한 무더기의 수학 서판이 발견되었으나 그 해독이 아직도 다 이루어지지 못했기 때문입니다.

제자 일동 그렇군요.

같은 흐름의 얘기인데, 얼마 전까지만 해도 바빌로니아 인은 이집트 인에 비해 대수(수와 식)에서는 뛰어나지만 기하학(도형)에서는 그렇지 못하다는 평가가 지배적이었습니다. 그렇지만 그런 평가는 바빌로니아 수학 문헌이 별로 밝혀지지 않은 시점까지만 맞는 것입니다.

과거에는 거대 피라미드를 건설한 이집트가 각뿔대와 같은 도형을 다루는 능력이 월등했지만, 최근 연구는 기하학 전반에 걸친 지식도 바빌로니아가 우수했음을 입증하고 있습니다.

실제로 π의 근삿값도 바빌로니아 지역에서 상당히 정확하게 구했음이 밝혀졌습니다. 바빌로니아 사람들은 원주율을 구하는 과정에서 '정육각형의 둘레가 외접원의 반지름의 6배'인 사실을 알아냈습니다.

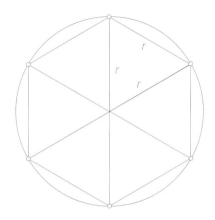

바빌로니아 인들이 파이(π)를 계산하기 위해 사용한 정육각형과 외접원

향원 아, 그래서 바빌로니아 인들이 60진법을 썼나요?

그들이 60진법을 개발한 유래로는 여러 설이 있습니다. 천
문학적인 이유 또는 원래 있던 10진법과 6진법의 자연스런

수학자의 비밀노트
10진법, 60진법
우리가 가장 많이 쓰는 진법은 십진법이다. 즉, 10개가 되면 자릿수를 올리는
것으로 10이 10개면 100으로, 100이 10개면 1,000으로 한 자리씩 올려서 쓰
는 것이다. 그런데 시간을 헤아릴 때는 60진법을 쓰고 있다. 60초가
되면 1분으로, 60분이 되면 1시간으로 셈하는 방법이 그런 예이다.

결합으로 60진법이 생겼다고도 하지요. 어떤 사람은 60이라는 수가 $\frac{1}{2}, \frac{1}{3}, \frac{1}{4}, \frac{1}{5}, \frac{1}{6}, \frac{1}{10}, \frac{1}{12}, \frac{1}{15}, \frac{1}{20}, \frac{1}{30}$과 같이 10가지 정도의 다양한 등분이 가능하기 때문이라는 설도 있습니다. 그들은 직접 계산하기보다 간단하게 떨어지는 다양한 수의 표를 만들어서 사용하는 데 능했거든요.

하지만 '정육각형의 둘레가 외접원의 반지름의 6배'인 사실이 그들의 60진법 사용에 영향을 끼친 것은 분명해 보입니다. 그래서 원을 360°로 나누었고, 나중에 1시간을 60분으로, 1분을 60초로 분할했지요.

견자 아하, 그래서 지금도 우리는 10진법과 더불어 60진법을 병행해서 사용해야 하는 불편을 겪고 있군요!

하하하, 재미있는 불평이군요. 어쨌든 1950년에야 비로소 부분적으로 해독된 바빌로니아 문헌에는 여러 가지 기하학적 도형에 대해 씌어 있고, 정육각형의 둘레와 그 외접원의 둘레 사이의 비가 새겨져 있습니다. 그것을 현대적으로 표기하면,

$$\frac{57}{60} + \frac{36}{60^2}$$

입니다. 따라서 외접원의 둘레를 C, 그 반지름의 길이를 r이라 하면, 정육각형의 둘레와 그 외접원 둘레의 비는 $\dfrac{6r}{C}$인데 C=$2\pi r$이므로 $\dfrac{6r}{C}$의 값은 다음과 같습니다.

$$\frac{6r}{C} = \frac{3}{\pi} = \frac{57}{60} + \frac{36}{60^2}$$

이에 따라 계산된 원주율은 대략

$$\pi = 3.125\cdots = 3\frac{1}{8}$$

이 나옵니다.

이로써 고대 수학에서 얻어낸 원주율 값들 가운데 가장 빈번하게 나타나는 3가지, 즉 3, $3\frac{1}{8}$, $3\frac{1}{7}$ 가운데 하나인 $3\frac{1}{8}$이 바빌로니아에서 발견되었음을 확인할 수 있게 되었습니다. 이 값은 참값보다 약간 적지만 매우 우수한 근삿값입니다.

광인 이집트의 원주율과 비교하면 어느 쪽이 더 정확한가요?

이집트의 경우에 대해서는 다음 시간에 다루겠지만, 결과만 미리 비교해 보면 우열을 가리기가 어렵습니다. 이집트의 원주율은 다음과 같이 참값보다 약간 큰 값입니다.

$$\pi = 3.16049 \cdots$$

이 값은 고대 원주율인 $3\frac{1}{7}$ 보다 큰 값으로서, 바빌로니아의 원주율에 비하면 조금 더 부정확하다고 할 수 있습니다.

그뿐만 아니라 원주율을 결정하는 방법 자체도 바빌로니아 쪽이 우수합니다. 바빌로니아의 수학 서판은 각 기하학 도형을 체계적으로 비교한 좋은 예를 보여 줍니다.

그렇지만 그들은 기하학적 성질보다는 측정에만 관심을 가졌기 때문에 바빌로니아 수학에서 기하학의 참된 기원을 찾는 것은 옳지 않습니다. 그들에게 기하학이란 수학의 한 분야가 아니라 수가 도형과 결부된 일종의 응용 대수 또는 산술이었습니다. 또한 기하학의 참된 기원은 이집트에서도 발견할 수 없습니다. 그 사실에 대해서는 다음 시간에 이야기하도록 하지요.

선생님, 구약 성경에도 원주율 π에 대한 언급이 나오는데, 그것이 메소포타미아나 이집트 문헌보다 더 오래된 것인가요?

성경은 기원전 3000년경으로 추정되는 메소포타미아 문헌보다는 훨씬 후의 것이랍니다.

그렇군요. 그런데 왜 보통 수학의 창시자로 이집트 인을 꼽는 거죠?

그것은 오늘날 참고할 수 있을 만큼 먼저 해독된 것이 이집트 문헌이 없었기 때문이지요.

우리 것을 먼저 해독했다고!

1779년 이집트에서 발굴한 이 석판이 상형 문자 해독에 결정적 계기를 제공했답니다. 그래서 이후에 많은 파피루스 문서를 복원할 수 있었지요.

그렇군요.

로제타석

반면에 바빌로니아의 설형 문자 해독은 훨씬 늦었지요.

바빌로니아 인이 이집트 인에 비해 대수에서는 뛰어나지만 기하학에서는 그렇지 못하다고 하던데요?

도대체 뭔 소리야?

그런 평가는 바빌로니아 수학 문헌이 별로 밝혀지지 않은 시점까지만 맞는 것입니다.

그러면 바빌로니아 인이 더 뛰어난가요?

이집트 인? 바빌로니아 인? 이집트 인? 바빌로니아 인?

로제타석

최근 연구는 기하학 전반에 걸친 지식도 바빌로니아가 우수했음을 입증하고 있습니다.

제가 볼 땐 두 민족이 모두 우수한 것 같아요.

우리 모두 우수한 민족이지.

이집트의 **파이** 이야기

단위분수(분자가 1인 분수)만을 사용했던
이집트 인은 어떻게 원주율을 구했을까요?

2

두 번째 수업

이집트의 파이 이야기

교.   초등 수학 6-2   4. 원과 원기둥
과.   중등 수학 1-2   III. 평면도형
연.
계.

오일러는 이집트 인들이 어떻게
원주율을 구했는지 알아보자며
두 번째 수업을 시작했다.

진정한 학문으로서 수학을 시작한 그리스 이전, 고대인들
가운데 가장 잘 알려진 것이 바로 이집트 수학입니다. 문헌
의 양은 바빌로니아의 것보다는 많지 않지만, 그 해독이 일
찍부터 이루어졌기 때문입니다. 다음은 수학과 관련 있는 자
료를 연대순으로 열거한 것입니다.

1. 기원전 3100년경 자료－호화로운 이집트 철퇴에 전투의 승리를
   기록한 많은 상형 문자가 남아 있고 그 가운데 여러 가지 수의
   기록이 있다.

2. 기원전 1850년경 자료-모스크바에 보관되어 있는 파피루스로, 편찬 시기보다 더 오래된 문제 25개가 실린 수학책이라 할 수 있다. (1893년 러시아의 골레니셰프가 이집트로부터 구입함)

3. 기원전 1650년경 자료-기록자는 아메스(Ahmes)이고 입수한 자는 린드(Alexander Rhind)이기 때문에 아메스 파피루스 또는 린드 파피루스라고 부른다. 모두 84문제와 풀이 과정 없는 해답이 담겨 있다. (1858년 린드가 구입했고, 학자에 따라서는 문제 수를 87개로 여기기도 함)

4. 기원전 1350년경 자료-당시에 이미 상당히 큰 수를 사용했음을 보여 주는 것으로 롤린 파피루스라고 부른다.

5. 기원전 1167년경 자료-람세스 4세가 왕위를 계승하면서 만든 문서로 그의 아버지인 람세스 3세의 업적을 기리고 있다. 재산 명부 작성 기록이 담겨 있어 당시 실용적인 셈의 좋은 예를 보여 주며 해리스 파피루스라고 부른다.

어때요, 잘 정리된 자료가 놀랍지 않습니까?

제자 일동 그렇습니다.

견자 고대 문명 중에 유독 이집트의 문헌만 이처럼 잘 전승

된 데는 그럴 만한 이유가 있을 것 같아요.

맞습니다. 뛰어난 정치 지도자의 남다른 문화적 관심이 발단이 되어 이집트 문자 해독에 일찌감치 성공했기 때문입니다.

향원 뛰어난 정치 지도자라고 하면 나폴레옹을 말씀하시는 건가요?

그렇습니다. 나폴레옹(Napoléon)은 한때 수학도이기도 했으며, 수학에 대한 애정과 식견이 있어 혁명을 이끌 때에도 수학자들에게 높은 직책을 맡겼습니다. 그런 황제의 곁에 푸리에(Jean Fourier, 1768~1830)라는 수학자 친구가 있었다는 것은 자연스런 사실입니다. 푸리에는 이집트 원정 중 발견한 로제타석 해독 프로젝트를 이끌었는데, 그것은 실로 이집트 문명 전체를 해독해 내는 일로서 인류 문명사적 신기원이 됩니다.

영국에서도 여러 방면에 박학한 물리학자 영(Thomas Young, 1773~1829)에 의해서 어느 정도 진척되었지만, 중단된 이집트 상형 문자 해독에 마침내 싱공을 거둔 사람은 언어에 천

부적 재능을 소유한 프랑스의 샹폴리옹입니다.

견자 와! 놀랍네요. 그러면 이집트 수학 문헌도 바로 해독되었겠네요?

그건 아닙니다. 수학 문헌에 사용된 문자는 신관 문자라고 해서 고대 상형 문자(신성 문자)의 필기체에 가깝습니다. 즉, 수학 문헌은 로제타석같이 석판에 새기는 것이 아니라 종이에 가까운 파피루스에 펜과 잉크를 이용해 쓰기 적합한 문자로 기록했답니다.

견자 그래서 수학 문헌의 해독이 조금 더 늦어졌군요?

그렇습니다. 모스크바 파피루스와 아메스 파피루스에 있는 110개 정도의 수학 문제는 모두 수치 계산인데, 대부분 실용적이고 매우 간단한 것입니다.

광인 원주율과 관련된 문제는 어떤 것이 있나요?

이집트 인은 처음부터 원의 둘레보다 원의 넓이를 구하는 일에 더 큰 관심을 보였다는 점을 먼저 말해 두겠습니다.

　이를테면 아메스 파피루스의 문제 50에서 아메스는 지름이 9인 원의 넓이를 구하는데, 한 변이 8인 정사각형의 넓이와 같다고 가정하는 것으로 시작합니다. 이 가정에 따르면 $\pi \times \left(\dfrac{9}{2}\right)^2 = 8^2$이고, $\pi = 4 \times \left(\dfrac{8}{9}\right)^2 = 3.16049\cdots$이므로 π를 $3\dfrac{1}{7}$ 보다는 $3\dfrac{1}{6}$ 로 계산한 것에 더 가깝습니다. 이것도 상당히 좋은 근삿값이라 할 수 있지만, 엄밀하게는 원과 정사각형의 넓이가 같지 않다는 사실을 깨닫지 못하고 있는 것으로 보입니다.

　원의 넓이를 구하는 과정은 문제 48에서도 보이고 있습니다. 한 변이 9인 정사각형의 각 변을 3등분한 뒤 각 모퉁이에서 생기는 넓이가 $4\dfrac{1}{2}$인 직각이등변삼각형 4개를 떼어 냅니다. 그러면 남은 도형은 넓이가 63인 팔각형(정팔각형이 아님)입니다.

　이집트 인들은 이 넓이가 '한 변의 길이가 9인 정사각형에 내접하는 원의 넓이'와 거의 같으며, 또한 '한 변의 길이가 8인 정사각형의 넓이'와도 그다지 다르지 않다는 사실에 만족했던 것으로 보입니다.

　여기서 신기한 것은 이집트 인이 2번씩이나 틀린 가정(원의 넓이와 팔각형의 넓이가 같다는 가정과 팔각형의 넓이가 한 변

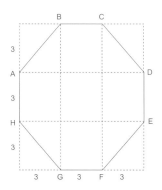

이집트 인들이 파이(π)를 계산하기 위해 그린 팔각형

이 8인 정사각형의 넓이와 거의 같다는 가정)을 함으로써 1번만 틀린 가정을 했을 때 $\left(\pi = 3\dfrac{1}{9}\right)$의 값보다 오히려 오차가 작다는 점입니다.

　이처럼 이집트에서도 기하학의 참된 기원인 논증적 태도를 찾을 수 없음은 바빌로니아의 경우와 마찬가지입니다. 1가지 주목할 사실은, 비록 틀린 가정을 했지만 기하학적 도형들의 상호 관계를 주목했다는 점입니다.

　그래서 그리스 수학에 가장 가까운 것을 꼽는다면, 보편적 법칙과 형식적 증명을 통한 논증 수학과는 거리가 멀긴 하지만, 나일 강 유역에서 다양한 도형의 토지 형태를 다뤄야 했던 이집트 인의 수학이라 할 수 있습니다.

　그럼 다음 시간에는 동양의 경우를 살펴보겠습니다.

이집트 인은 원주율을 어떻게 구했나요?

이집트 인은 처음부터 원의 둘레보다 원의 넓이를 구하는 일에 더 큰 관심을 보였답니다.

원의 넓이요?

아메스 파피루스의 문제 48인 원의 넓이를 구하는 과정을 보면 우선 한 변이 9인 정사각형의 각 변을 삼등분합니다.

그리고 네 모퉁이에서 생기는 직각이등변삼각형 4개를 떼어 냅니다.

그러면 남는 도형은 넓이가 63인 팔각형이네요.

네, 이집트 인들은 이 넓이가 '한 변의 길이가 9인 정사각형에 내접하는 원의 넓이'와 거의 같고, '한 변의 길이가 8인 정사각형의 넓이'와도 그다지 다르지 않다고 생각했어요.

2가지 가정이 모두 정확하지는 않네요.

하지만 신기한 것은 2번씩이나 틀린 가정을 함으로써 오히려 1번만 틀린 가정을 했을 때보다 오차를 없앴다는 점이에요.

운이 좋은 사람들이네요.

비록 틀린 가정을 했지만, 여기서 1가지 주목할 사실은 이집트 인들이 기하학적 도형들의 상호 관계에 주목했다는 점입니다.

그렇군요.

3

인도의 파이 이야기

0과 음수를 만들어 낸 인도인들도 물론 원주율을 구했습니다.
그들은 어떻게 원주율을 구했을까요?

3

세 번째 수업

인도의 파이 이야기

교.   초등 수학 6-2   4. 원과 원기둥
과.   중등 수학 1-2   III. 평면도형
연.   중등 수학 3-1   I. 제곱근과 실수
계.

오일러는 이집트에 이어 인도에서는
어떻게 원주율을 구했는지 알아보자며
세 번째 수업을 시작했다.

메소포타미아의 티그리스 강과 유프라테스 강, 이집트의
나일 강에서와 거의 같은 시기에 인도의 인더스 강과 중국의
황하 강 유역에서도 농업 혁명이 일어났습니다.

덥지도 춥지도 않은 지역의 강들은 인류 사회를 사냥꾼들
의 집합소에서 풍성한 농산물을 수확하는 사회로 바꿔 놓았
습니다. 이들 지역을 묶어서 고대 문명의 벨트라고 부르는 것
도 그런 이유에서입니다.

인도 역시 원주율을 알고자 하는 욕구 혹은 원주율을 알아
야 하는 필요성은 같았습니다.

광인 그럼에도 불구하고 인도의 수학이 바빌로니아나 이집트 혹은 그리스의 수학보다 뒤처져 보이는 이유는 무엇인가요?

이유는 오직 1가지, 우리가 고대 인도의 역사를 잘 모르기 때문입니다. 사실 수의 세계에 0과 음수를 포함시킨 결정적 공로를 세운 것은 인도입니다. 뿐만 아니라 피타고라스의 정리에 대해서도 피타고라스(Pythagoras, B.C.580?~B.C.500?)가 태어나기 훨씬 이전부터 인도인들은 알고 있었습니다. 고대 수학의 발전에 중요한 요소인 천문학의 수준도 인도나 중국의 경우 상당히 높았습니다. 그러나 안타깝게도 그에 대한 직접적인 기록은 남아 있지 않습니다.

광인 우리가 접할 수 있는 인도의 가장 오래된 기록은 무엇인가요?

그것은 '체계'라는 의미의 《싯단타》라는 문헌입니다. 380년경에 나온 것이지만 그 안에 담긴 내용은 훨씬 오래된 것으로, 천문학에 관한 것입니다. 그 내용 가운데 하나가 π의 값에 관한 것으로 다음과 같이 쓰고 있습니다.

$$\pi = 3\frac{177}{1250} = 3.1416$$

이 값은 60진법을 사용한 바빌로니아의 값,

$$\pi = 3 + \frac{7}{60} + \frac{30}{60^2} = 3.125 \cdots = 3\frac{1}{8}$$

보다 훨씬 정확하고, 역시 60진법을 사용한 그리스의 값,

$$\pi = 3 + \frac{8}{60} + \frac{30}{60^2} = 3.1416666 \cdots$$

과 거의 같습니다. 그렇지만 고대 인도의 수학 문헌은 많은 문제와 풀이 없는 답으로 이루어져 있다는 점에서 다른 고대 수학과 다를 바가 없습니다.

견자 다른 예는 없나요?

499년에 아리아바타(Aryabhata, 476~550)가 쓴 《아리아바티야》라는 책에도 문제와 답만 담고 있을 뿐, 답을 어떻게 얻었는지에 관한 언급은 없습니다. 다음은 거기에 수록된 내용 가운데 하나입니다.

> 100에 4를 더하고 8을 곱한 다음에 6만 2,000을 더하라. 그러면 그 결과는 대략 지름이 20,000인 원의 둘레가 된다.

이것으로부터

$$\pi = \frac{62832}{20000} = 3.1416$$

을 얻을 수 있습니다. 이것은 《싯단타》에서와 같은 값입니다. 이와 같은 값을 바스카라(Bhaskara, 1114~1185)라는 수학자도 구한 적이 있습니다. 그는 이 값이 '정밀한' 값이고, $3\frac{1}{7}$은 '정밀하지 못한' 값이라고 자랑스럽게 말했습니다.

견자 정말 자랑할 만하네요. 지금까지 살펴본 값들 중에서 가장 정밀합니다.

광인 그렇지만 값을 어떻게 구했는지 그 방법까지 알지 못하는 것이 무척 아쉽습니다.

그렇습니다. 이것이 고대 수학의 한계 가운데 하나입니다. 수학이 체계적으로 발전하기 위해서는 지식의 공개에 따른 반론과 지적에 의한 개선이 꼭 필요합니다. 그런 과정을 밟지 않으면 발전이 중단되고 말지요.

아무튼 지금으로서는 인도인이 이 놀라운 성과를 얻은 방법을 짐작하는 수밖에 없습니다. 여러 가지 자료를 모아 보면 나중에 이야기할 아르키메데스(Archimedes, B.C.287?~B.C.212)의 정다각형법에 의해서 이 값을 얻었을 가능성이 높습니다. 원에 내접하는 정n각형의 한 변의 길이가 S(n)일 때 정2n각형의 한 변의 길이는 다음과 같습니다.

$$S(2n)=\sqrt{2-\sqrt{4-S^2(n)}}$$

가장 자연스러운 정육각형부터 시작하여 계속 2배씩 해 보면 12, 24, … , 384, …각형이 됩니다. 여기서 지름이 100인 원에 내접하는 정384각형의 경우를 계산해 보면 총 둘레는 $\sqrt{98694}$ 가 됩니다.

그런데 원에 내접하는 정384각형은 원에 무척 가까운 형태의 도형입니다. 따라서 정384각형의 둘레와 원둘레가 같다고 해도 큰 차이는 없으므로 $2\pi r = 100\pi \fallingdotseq \sqrt{98694}$ 라고 할 수 있습니다.

이에 따라 계산하면

$$\pi = \frac{\sqrt{98694}}{100} = 3.141560121\cdots$$

이 됩니다. 이것은 앞서 구한 값들과 거의 같으며, 정다각형의 변의 수를 얼마로 하느냐에 따라 조금씩 달리 나옵니다.

견자 정말 인도의 수학은 풍부하고 높은 수준이네요. 다른 예가 더 있나요?

1가지만 더 알려 줄게요. 또 1명의 유명한 인도 수학자 브라마굽타(Brahmagupta, 598~665?)도 원주율을 구할 때 아르키메데스의 정다각형법을 이용했는데, 그 결과는 조금 달리 나옵니다.

$$\pi = \sqrt{10} = 3.162277\cdots$$

향원 같은 방법을 사용한 결과로 보기에는 상당히 차이가 나는 값이네요!

이런 결과의 차이에 대해서도 역시 짐작에 의존한 설명밖에 할 수 없습니다. 값을 얻는 과정에 관한 기록이 없기 때문이지요. 상당히 재미있는 짐작으로 다음과 같이 설명하기도 합니다.

당시 사람들이 지름 10인 원에 내접하는 정다각형의 둘레를 구해 보니 12, 24, 48, 96각형의 경우 각각 $\sqrt{965}$, $\sqrt{981}$, $\sqrt{986}$, $\sqrt{987}$인 점에서 꾀를 내었을 가능성이 높다. 그래서 (잘못) 생각하기를 변의 수를 늘릴수록 둘레는 1,000의 제곱근에 가까워진다고 보아 $10\pi = \sqrt{1000}$에서 다음과 같은 결과를 얻었을 것이다.

$$\pi \fallingdotseq \frac{\sqrt{1000}}{10} = \sqrt{10} = 3.162277\cdots$$

그렇지만 이런 오해 역시 인도에서의 풍부한 수학 탐구에 따른 에피소드라는 사실을 기억할 필요가 있습니다. 특히 원주율에 관한 사람들의 연구는 고대부터 동서양이 모두 활발했고, 나름대로 만족할 만한 결과였음을 확인할 수 있습니다.

견자 잘 알겠습니다. 그런데 저라도 그런 오해를 할 것 같아요. 어디서 잘못 생각한 것인가요? 사실 저라면 오해로라도 생각하기 어려운 내용인 것 같습니다.

정다각형의 근삿값부터 잘못 계산한 것입니다. 이를테면 정96각형의 경우 제곱근호인 $\sqrt{}$ 안의 값을 정수로만 제한하면 987이 맞습니다. 하지만 참값은 그보다 조금 작으며, 다각형의 변의 수를 아무리 늘리더라도 987은 넘지 못합니다. 즉 986.96… 정도에 머뭅니다. 이런 오해는 누구라도 하기 쉬운데 1,000이라는 인위적 기준수를 원주율이라는 자연적 기준수와 동일시하기 쉬운 이유 때문이지요. 물론 당시는 근삿값을 정교하게 다룰 수 있는 계산 능력에 한계가 있기도 했고요.

견자 그렇군요. 명심하겠습니다.

다음 시간에는 중국의 원주율에 대하여 공부하기로 하겠습니다. 그 당시로서는 세계 최고 수준의 정밀도를 자랑했던 값이므로 더욱 관심을 가지고 공부하도록 하지요. 당시 계산 능력에 비추어 보면 놀랄 정도입니다.

선생님, 우리가 접할 수 있는 인도 수학의 가장 오래된 기록은 무엇인가요?

그것은 '체계'라는 의미의 《싯단타》라는 문헌이에요. 그 내용 가운데 하나가 π의 값에 관한 것이지요.

인도
$$\pi = 3\frac{177}{1250} = 3.1416$$

바빌로니아
$$\pi = 3 + \frac{7}{60} + \frac{30}{60^2} = 3.125 = 3\frac{1}{8}$$

그리스
$$\pi = 3 + \frac{8}{60} + \frac{30}{60^2} = 3.1416666\cdots$$

《싯단타》의 π값은 이것입니다. 이 값은 60진법을 사용한 바빌로니아의 값보다 훨씬 정확한 값이지요.

그리스의 π값과는 거의 같네요.

그렇지만 고대 인도의 수학 문헌은 문제와 답만 담고 있을 뿐, 답을 어떻게 얻었는지에 관한 언급이 없습니다.

안타깝네요. 그렇다면 다른 예를 통해서는 알 수 없나요?

이 답이 도대체 어떻게 나온 거야?

← 고대 인도의 수학 문헌

499년에 아리아바타가 쓴 《아리아바티야》라는 책에도 문제와 답만 담고 있습니다.

흠…, 그 문제와 답이 무엇이었는데요? 궁금해요.

풀이는 독자의 몫이죠

아리아바티야

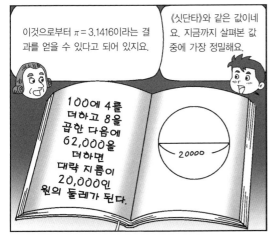

이것으로부터 π = 3.1416이라는 결과를 얻을 수 있다고 되어 있지요.

《싯단타》와 같은 값이네요. 지금까지 살펴본 값 중에 가장 정밀해요.

100에 4를 더하고 8을 곱한 다음에 62,000을 더하면 대략 지름이 20,000인 원의 둘레가 된다.

20000

그렇죠. 하지만 수학이 발전하기 위해서는 지식의 공개에 따른 반론과 지적에 의한 개선이 꼭 필요한데 그런 과정을 밟지 못했다는 것이 한계이지요.

그래서 인도인이 놀라운 성과를 얻은 방법을 짐작하는 수밖에 없군요.

4

중국의 파이 이야기

사람들은 중국의 조충지가 구한 원주율이
서구의 것보다 1,100년이나 앞선 정밀한 값이었다는 사실에 놀라고,
그 이후 조금도 발전하지 못했다는 사실에 다시 놀랍니다.

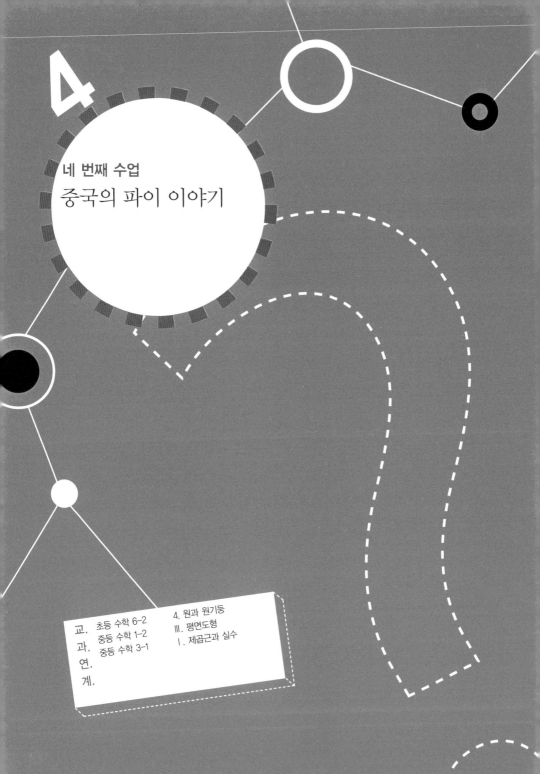

4

네 번째 수업

중국의 파이 이야기

교.   초등 수학 6-2   4. 원과 원기둥
과.   중등 수학 1-2   Ⅲ. 평면도형
연.   중등 수학 3-1   Ⅰ. 제곱근과 실수
계.

오일러는 중국인들은 어떻게
원주율을 구했는지 알아보자며
네 번째 수업을 시작했다.

중국인들은 수학에서 문제와 답으로만 이루어진 자료, 즉
풀이 과정과 증명이 없는 자료들만 남겼다는 점에서 지금까
지 살펴본 고대 문명 사람들과 같습니다. 실용적인 사용에만
관심을 가졌다는 점도 마찬가지고요. 서양 수학에서 유클리
드(Euclid, B.C. 330~B.C. 275)의 《원론》에 상당하는 가장 유명
한 중국 수학책 《구장산술》을 살펴보며 설명하겠습니다. 이
책에서 다루는 내용을 요약하면 다음과 같습니다.

제1장 방전 : 토지 측량으로 분수, 덧셈, 뺄셈 등에 대한 규칙에 관

한 38문제

제2장 속미 : 곡물을 교환할 때의 계산으로 비율에 관한 46문제

제3장 쇠분 : 비율에 따른 분배(등차수열, 등비수열, 비례식에서 내항끼리의 곱은 외항끼리의 곱과 같다는 법칙 등)에 관한 20문제

제4장 소광 : 토지의 넓이 및 부피의 구적법(기하학적으로 제곱근과 세제곱근을 구하는 방법)에 관한 24문제

제5장 상공 : 토목 공사 공정의 다양한 입방체 부피 계산법 28문제

제6장 균수 : 공정한 조세 분배와 징수 및 그 운반에 걸리는 시간에 관한 28문제

제7장 영부족 : 분배에서 과잉과 부족을 가정한 수수께끼 형태의 20문제

제8장 방정 : 표를 이용하여 미지수가 2개 또는 3개인 연립방정식의 해를 구하는 18문제

제9장 구고 : 직각삼각형의 변의 길이를 구하는 피타고라스의 정리의 응용에 해당하는 24문제

총 246문제

《구장산술》은 오늘날 학생들의 '실전 문제' 유형으로서 전형적인 실용 서적입니다. 문제들은 한결같이 통치에 필요한 내용을 담고 있으며, 특히 세무·기술직 말단 공무원들에게

요구되는 지식이지요.

견자 그런《구장산술》은 언제, 누가 만들었나요?

누가 지었는지 알 수 없고, 언제 썼는지도 알 수 없으나 대략 진나라 말기나 한나라 초기인 1세기경으로 추정합니다. 책의 본 모습은 후한 시대에 드러나고, 263년 삼국 시대 위나라의 유휘가 뛰어난 주석을 붙여 펴낸 것이 오늘날까지 전해지는 것의 원본입니다. 이를테면《해도산경》이란 책은《구장산술》의 마지막 장인 '구고'의 부록에 해당하는 책입니다. 조선의 남병길이 지은《구장술해》도 조선의 실정에 맞게《구장산술》에 주석을 달아 편집한 것입니다.

광인 얼핏 살펴보니 그 유명한《구장산술》에는 지금 우리의 관심 대상인 원주율이 다뤄지지 않고 있네요.

결코 그렇지 않습니다. 원주율을 후세 사람들이 '휘율'이라고 부를 정도로 원주율에 관한 유휘의 업적은 훌륭합니다. 원형의 밭을 다룬 1장 방전, 원 넓이를 다룬 4장 소광, 원뿔 등의 부피를 다룬 5장 상공 편에 보면 원주율을 다루고 있습니다. 문제에 대한 답은 대부분 간략하게 $\pi=3$으로 간주해서 제시하고 있는데, 이 점은 서구에서도 수백 년 동안 마찬가지였지요.

향원 선생님, 그런데 조금 어색한 점이 있습니다. 유휘의 《구장산술》주석본보다 130년 이상 이른 시기인 130년경에 나온 《후한서》에는 $\pi=\sqrt{10}$에 가까운 $\pi=3.1622$를 사용하고 있다고 들었는데, 그렇다면 유휘는 훌륭하기는커녕 퇴보한 것 아닌가요?

향원은 오래된 중국 수학에 관한 해박한 지식을 갖고 있군요. 방금 말한 값, $\pi=3.1622$는 후한 시대의 장형이라는 사람의 주장이고, 그보다 앞선 전한 시대에도 유흠이라는 사람이 $\pi=3.1547$을 주장했습니다. 이런 관계도 역시 과거의 값이 오히려 참값에 더 가까운 예이지요. 이런 폐단은 참값과 근사값을 비교할 수 있는 정도의 지식을 갖고 있다면 발생하지 않습니다.

향원 아하! 당시는 참값에 대한 지식이 전혀 없었다는 말씀이군요.

그렇지요. 더구나 《구장산술》은 유휘 자신의 연구서라기보다는 과거의 문헌을 정리, 편집하는 데 충실한 책이기 때문에 《후한서》 훨씬 이전의 내용을 담고 있다고 봐야 합니다. 분명히 유휘는 그의 수학적 업적으로 높이 평가되는 원주율 구하는 방법을 따로 알고 있었습니다. 어떤 방법이었을까요?

　앞에서 살핀 세 문명권의 방법 가운데 가장 정밀한 값을 주는 방법이 무엇이었지요?

　견자 인도인들이 사용한 내접 정다각형의 변의 수를 늘려나가는 방법 아닐까요? 그 값이 가장 정밀했거든요.

　맞습니다. 유휘도 가장 자연스러운 시작인 원에 내접하는 정육각형의 둘레의 길이와 지름 사이의 관계비로 시작했습니다. 이 내접 정다각형의 변의 수를 2배씩 늘려서 보다 더 정밀한 원주율을 구한다는 발상은 일찍부터 중국에서도 원주율을 구하는 최선의 방법으로 간주됩니다.

　유휘의 경우, 정192각형이 원에 내접하는 경우와 외접하는 경우를 각각 구하여 원주율이 그 사이의 범위에 들어가야 한다는 발전된 사고를 보였습니다. 그가 구한 값의 범위는 다음과 같습니다.

$3.141024 < \pi < 3.142704$

나중에는 정3072각형에 무한등비급수의 극한과 비슷한 개
념을 적용하여 3.1416과 3.14159까지 얻었습니다.

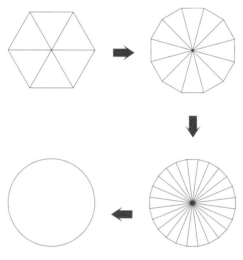

원주율을 구하기 위한 유휘의 방법

제자 일동 대단합니다!

견자 와! 저는 원주율을 소수점 아래 5자리까지 구하는 데
도 정다각형의 변의 수가 3,072개나 되어야 한다는 점에 놀
랐습니다. 그렇다면 이런 방법으로 소수점 아래 10자리 이상

을 구하기 위해서는…….

손으로 그림을 그려 가며 구하는 방법은 더 이상 불가능하지요. 유휘도 실제 계산에 적용되는 원주율은 $\pi=\dfrac{157}{50}=3.14$ 정도면 충분하다고 봤습니다. 더욱 정확한 원주율을 알고 있었지만 실용성까지 염두에 둔 유휘의 이 값, 3.14를 후세 사람들은 휘율이라 불렀습니다.

향원 이제 유휘의 방법이 훌륭한 이유를 알겠습니다. 정확성에서도 우수하지만 참값의 범위를 명확히 해 두었다는 점이지요? 게다가 그 범위를 좁혀 나가기만 하면 점점 더 정밀한 값을 얻을 수 있는 가능성도 열어 두었기 때문에 무척 빛나는 업적이 되는 것입니다!

맞습니다. 향원은 아주 정확하게 꿰뚫고 있군요.

향원 그렇다면 유휘가 열어 둔 그 가능성의 길에서 더 멀리 나아간 사람도 있겠네요?

그 사람이 바로 5세기의 조충지입니다. 유흠, 장형에 이은 유휘가 연 길 위에서 업적을 이뤘지요. 그가 구한 1장(사람의 키 정도의 길이) 지름의 원주는 3장 1척 4치 1푼 5926입니다.

즉,

$$3.1415926 < \pi < 3.1415927$$

이었던 것입니다. 또 조충지는 정밀할 필요가 없는 계산에서는 대강의 비율로 $\frac{22}{7}$ 도 제시했습니다. 아르키메데스가 구한 정수비 값도 이 수준에 머뭅니다. 사실 이 값도 3.142857… 로서 상당히 정밀한 값입니다.

더욱 정밀한 비율로는 $\frac{355}{113}$ 를 제시했지요. 이 값은 3.1415929로서 소수점 아래 6자리까지 맞는 값입니다. 서양에서 이 수준에 이른 것은 1573년 독일의 오토(Valenlinus Otto)가 얻은 값입니다. 이 대목만 비교하자면 중국이 서양보다 1,100년을 앞선 것이지요.

견자 우아! 조충지는 이런 값을 어떻게 구했을까요? 정 3072각형으로도 5자리까지밖에 못 구했는데요.

위의 내용이 기록된 문헌이 율력지인데, 거기 적힌 짧은 구절만으로는 어떻게 구했는지 알 수 없습니다. 그래서 짐작할 수밖에 없지만 기본적인 발상은 내접, 외접 정다각형의 변의 수를 늘려나가는 것입니다.

광인 그렇다면 조충지의 탁월함은 계산 능력의 탁월함이군요.

맞습니다. 16세기까지는 세계 최고 수준의 탁월함이고, 서구에 비해서도 1,100년이나 앞선 탁월함입니다. 그렇지만 수학적으로 볼 때 어디까지나 계산 능력상의 탁월함을 확대해서 수학 전체의 우월성으로 과대 평가하는 것은 온당한 일이 못됩니다.

"파이(π)가 계산되는 소수점의 자릿수는 아르키메데스 시대 이래로 단순히 계산 능력과 끈기의 문제에 지나지 않았다"라는 서구 학자들의 언급은 애써 냉담한 평가를 하려는 태도가 엿보입니다만 틀린 말은 아닙니다.

광인 동일한 발상을 바탕으로, 그것도 수백 년씩이나 늦게 시작했음에도 불구하고, 계산한 결과가 탁월함은 끈기만 가지고는 설명할 수 없어 보여요. 별도의 수학적 능력이 있을 것 같은데요?

백번 옳은 지적입니다. 광인의 지적에 충실한 평가를 위해서는 아르키메데스처럼 중국인들도 원하는 데까지 정확하게 원주율을 계산할 수 있었다는 사실에서부터 평가를 시작하는 것이 옳습니다. 같은 시대의 서구인들보다 뛰어난 계산 능력을 겸비할 수 있었던 중국인들의 비결에 주목해야 합니다. 그것이 무엇일까요?

견자 궁금할 따름입니다.

2가지로 설명됩니다. 중국인들은 10진법을 사용했다는 점이 그 첫 번째입니다. 그리스 인들은 바빌로니아의 전통을 이어받아 60진법을 사용했기 때문에 계산의 번거로움으로 동일한 정밀도를 얻는 데 훨씬 더딜 수밖에 없었지요.

다른 하나는 중국인들이 자릿수를 나타내는 '0' 개념을 가졌다는 점입니다. 비록 그들도 숫자 0을 쓰진 않았지만, 그 개념은 분명히 알고 있어 해당 자리를 비워 두는 것으로 처리하였습니다. 중국인이 가졌던 이 2가지 유리함에 끈기를 더한 결과가 탁월한 계산을 가능하게 한 것이죠.

견자 그러면 서구에서는 이 2가지 유리한 방식을 16세기가 될 때까지 받아들이지 못했나요?

그렇습니다. 0의 경우 아라비아를 거쳐 중세 말기에 이탈리아에, 르네상스 시대에는 영국에 전해졌습니다. 그 전까지는 종교적 이유로 사용이 금지되었고요.

예컨대 1259년 이탈리아 피렌체에서는 은행에서조차 0을 비롯한 이교도 기호의 사용을 금지하는 칙령이 발표되었고, 1348년 파두아 대학은 책의 가격 표시를 '암호(아라비아 숫자)'로 하지 말고 '평문(로마 숫자)'으로 할 것을 명령했습니다.

이교도 숫자인 0이 도입되기 전까지 유럽에서는 아르키메데스 방식으로 π를 계산하는 데 필요한 제곱근 산출은 고사하고, 곱셈이나 나눗셈조차 제대로 할 수 있는 사람이 거의 없었습니다.

제자 일동 와, 정말 몰랐습니다!

컴퓨터에 비유하면, 이런 2가지 유리함이 유지될 때까지는 계산 능력의 차이가 프로그래밍의 차이에 해당합니다. 그렇지만 동일한 조건이 갖춰진 이후로는 계산 상의 단순 시간과 비용의 차이로 좁혀진 셈이지요.

광인 그렇다면 새로운 의문이 생깁니다. 동양과 서양의 수학이 나란히 발전하지 못하고 근대적 발전이 서양에서만 일어난 이유는 무엇인가요?

원주율 π의 높은 정밀도가 하나의 척도로서 수학적 능력을 부분적으로 가늠할 수 있는 것은 분명하지만, 그것 역시 결과에 이르는 논증적 과정이 공개되지 않으면 단편적인 결과에 불과합니다.

지속적이고 획기적인 발전이 가능하기 위해서는 논리적 토대 위의 꾸준한 검증과 비판이 필요합니다.

중국인들이 논증적 태도를 결여하고 있는 것은 분명해 보입니다. 더구나 중국인들의 세로쓰기 고집과 수학 기호를 사용하지 않은 태도가 중국의 수학 발전을 가로막는 결정적인 걸림돌로 작용했습니다.

반면에 서구 수학사에서는 16세기를 기점으로 대대적인 수학 기호들이 만들어졌거든요. 말하자면 개념은 발달했어도 표현할 마땅한 문자 수단이 없었던 것이지요.

광인 왜 그랬는지 무척 안타깝군요.

나도 새로운 수학 기호를 많이 만들어 낸 한 사람으로서 생각해 보건대, 이교도의 문자 사용을 금지했던 중세가 지나고 태어난 것은 무척 행운이라고 봅니다.

견자 맞아요. 선생님이 사셨던 18세기라 하더라도 중국에서 태어나셨다면, 한자 이외의 문자는 사용하지 못해서 수학자가 되지 못했을 것입니다. 그러면 지금처럼 저희들이 선생님으로부터 이렇게 직접 가르침을 받을 수도 없을 거고요.

재미있는 추측이군요. 맞습니다. 중국의 중화사상에 바탕을 둔 지나친 자부심은 원주율에 대한 연구도 조충지와 그의 아들 조항지(구의 부피 계산에 기여함) 이후로 멈추게 하고 말았습니다.

이후 중국은 수학의 전성기인 원나라 시대의 뛰어난 수학자들, 즉 은둔자 이야, 관리 출신 양휘, 방랑자 주세걸, 검술의 달인 진구소를 배출했습니다. 그런데 이들조차 원주율을 구하는 데 있어서는 조금도 나아가지 못했습니다.

제자 일동 참으로 많은 것을 깨달았습니다.

중국의 예에서 얻을 수 있는 교훈과 반성의 깨달음은 한국의 경우에도 그대로 적용되는 면이 있기 때문에 비교적 상세히 얘기했습니다.

정리해 보겠습니다. 유휘와 조충지는 시대를 무시하고 학문적 업적의 성격만 따지자면, 서양의 유클리드와 아르키메데스에 각각 비유될 수 있습니다.

유휘가 《구장산술》이라는 중국판 대표 수학 교과서를 펴낸 것은 유클리드의 《원론》 집대성에 비견되며, 응용 수학에 남다른 업적을 남긴 조충지는 수학의 실제 적용으로 유명한 아르키메데스에 비견되기에 충분합니다.

특히 정다각형의 극한으로 원주율을 구한다는 발상은 동양과 서양이 공통이었으며 정말 오랫동안 유지됩니다.

다음 시간에 집중적으로 살펴볼 아르키메데스의 방법에서도 마찬가지이겠지만, 수학의 역사가 근대로 넘어가는 17세기까지는 서양에서도 이와 같은 방법의 틀이 유지됩니다.

동양에서는 조충지에 의해서 '기특한 절정기'를 일찌감치 맞이했습니다. 그렇지만 서양과는 달리 근대적 단계로의 비약적 발전은 가져오지 못했습니다. 거기에는 여러 가지 이유가 있겠지만, 가장 중요한 이유로는 공개적 논증에 의한 논의의 결여를 들 수 있습니다. 그 확인을 겸해서 다음 시간에는 고대 그리스의 경우를 살피기로 하지요.

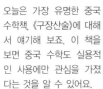

오늘은 가장 유명한 중국 수학책, 《구장산술》에 대해서 얘기해 보죠. 이 책을 보면 중국 수학도 실용적인 사용에만 관심을 가졌다는 것을 알 수 있어요.

만리 장성

《구장산술》에도 지금 우리의 관심 대상인 원주율 이야기가 있나요?

그럼요. 유휘라는 학자의 원주율에 관한 연구는 '휘율'이라고 부를 정도로 훌륭하답니다.

어떤 내용들이 있나요?

유휘

분서갱유로 옛 경서들이 없어졌으니 내가….

원형의 밭을 다룬 1장, 원의 넓이를 다룬 4장, 원뿔 등의 부피를 다룬 5장에서 원주율을 간략하게 π=3으로 간주해서 제시하고 있지요.

그렇군요.

원형 밭의 넓이는 원주율을 이용하면 되지.

이렇게 π=3으로 간주하여 제시하는 것은 서구에서도 수백 년 동안 마찬가지였어요.

π = 3

π = 3

오~, 동양 수학이 서양보다 뒤쳐졌다고 생각했는데 꼭 그런 것만은 아니군요.

그렇습니다. 그런데 《구장산술》보다 앞선 《후한서》에서는 π = 3.1622를 사용했었답니다.

그렇다면 《구장산술》은 과거보다 퇴보한 책이 아닌가요?

구장산술
π = 3

후한서
π = 3.1622

과거의 값이 오히려 참값에 더 가까운 예이지만, 참값이 얼마인지 알 수 없었기 때문에 생긴 일이지요.

그렇겠네요. 당시에는 참값에 대한 지식이 전혀 없었을 테니까요.

그리스의 파이 이야기

진정한 학문으로서 수학을 시작한 사람을 그리스 인이라고 말하는 것은
그들이 계산을 잘해서가 아닙니다.
정확한 값 이전에 그 값에 이르는 논리와 진리가 있었기 때문입니다.

5

다섯 번째 수업
그리스의 파이 이야기

교.　초등 수학 6-2　　4. 원과 원기둥
　　　　중등 수학 1-2　　II. 기본 도형
과.　　　　　　　　　　III. 평면도형
연.　　　　　　　　　　IV. 입체도형
　　　중등 수학 3-1　　I. 제곱근과 실수
계.　　고등 수학 1-1　　I. 수와 연산
　　　　중등 수학 3-2　　IV. 삼각비
　　　　고등 수학 1-2　　III. 삼각함수

오일러는 그리스에 관한 이야기로
다섯 번째 수업을 시작했다.

역사에서 좁은 의미의 그리스는 알렉산더의 정복으로 끝났
지만, 그리스 문화는 헬레니즘이라는 이름으로 계속되었습
니다. 수학의 경우는 더욱 그러해서, 오히려 헬레니즘 시대
에 실질적인 꽃을 피웠습니다.

특히 스승과 제자의 관계로 추정되기도 하는 유클리드와
아르키메데스는 헬레니즘 시대에 등장하여 그리스 수학의
정신을 절정에 이르게 했습니다.

헬레니즘 시대에는 수학뿐만 아니라 모든 학문이 이집트의
알렉산드리아라는 새로운 항구 도시에서 융성했기 때문에 이

시대의 수학을 '알렉산드리아 시대의 수학'이라고 부릅니다.

이번 시간에는 17세기에 근대 과학을 연 뉴턴(Isaac Newton, 1642~1727)의 시야를 넓힐 수 있도록 '어깨를 내준 거인들' 중 한 사람인 아르키메데스에 대하여 주로 얘기하겠습니다.

광인 그리스 수학의 정신이란 무엇인가요?

압축해서 말하면 '그럴 수도 있는 사실'로부터 당장 필요한 실용적 결과를 얻기보다는, '반드시 그럴 수밖에 없는 논리'로부터 필연적 진리를 추구하는 것입니다. 따라서 그리스 수학은 논증적 태도를 바탕으로 합니다.

그 뿌리는 고대 그리스의 학문적 시조인 탈레스(Thales, B.C.624?~B.C.546?)로부터 시작합니다. 그는 앞에서 살펴본 두 선진 문명인 이집트와 메소포타미아의 학문을 두루 익혔습니다. 탈레스가 수학에 기여한 점은 동일한 사실을 다루는 두 문명의 수학 체계가 다름을 알고서 좀 더 철저한 바탕에서 시작할 필요를 깨달은 것입니다.

탈레스가 상대적으로 더 나은 정확성에 만족하고자 했다면 앞에서 확인한 바 있는 4대 문명권에서의 수학들과 다른 형태의 수학은 탄생하지 않았을 것입니다. 그가 원했던 것은 상대적 정확성이 아니라 확고한 진리였던 것입니다.

견자 그리스 수학이 차별화되는 면모를 구체적으로 알려 주세요.

상징적인 예로 '공개된 문제들'을 들 수 있습니다. 일찍이 살라미스 해전에서 승리를 거둔 그리스는 기원전 480년을 기점으로 오랫동안의 페르시아 압제로부터 벗어나 점점 더 번영하게 되었습니다.

특히 아테네는 그리스 정치와 문화의 중심으로 번영했는데, 자유 시민들은 기본 생활을 위한 일은 노예에게 맡기고 자신들은 정치와 문화, 특히 학문에만 몰두할 수 있게 되었습니다.

따라서 학문을 중시하는 풍토의 아테네에는 근처 여러 지방으로부터 많은 학자들이 모여들어 경쟁적으로 학문을 겨루게 되었습니다. 그에 따라 직업적인 교직자들도 생겨났습니다.

향원 아하, 그들이 바로 유명한 소피스트들이군요!

맞습니다. 소피스트들은 나름대로 여러 가지 지식을 쌓아 수업료를 받고 가르침을 주었는데, 좀 더 많이 알고 있음을 뽐내고 그것을 입증하기 위한 변론술에 열심이었습니다.

　물론 눈앞의 논쟁에서 얼렁뚱땅 둘러대기 위한 궤변을 가르치는 그릇된 소피스트들도 있었기 때문에 그들에 대한 인상이 좋지 않기도 했습니다. 그렇지만 원래 '지혜를 가진 사람'이란 의미의 소피스트는 공개적 논쟁을 펼치는 사람들로서, 진리에 이르는 방법과 과정을 발달시켰습니다. 그 대표적 인물이 바로 소크라테스(Socrates, B.C.470?~B.C.399)입니다. 당시 소피스트들이 가장 열심히 연구한 것 중 대표적인 것이 기하학 작도의 문제였습니다.

　견자　학자들의 중심 과제가 수학이었다는 점이 놀랍습니다. 구체적으로 어떤 문제였나요?

　아주 오랫동안 풀 수 없었던 3대 작도 문제는 유명할 뿐만 아니라, 그것을 해결하는 과정에서 수학이 엄청나게 발전하였습니다. 더구나 우리 수업의 주제인 원주율을 구하는 문제도 이 3대 작도 문제 가운데 하나에 의해서 차별화된 면모를 갖게 됩니다.

제자 일동 정말 궁금합니다!

3대 작도 문제는 다음과 같습니다.

① 주어진 임의의 각을 3등분할 수 있는가? (임의의 각의 3등분 문제)
② 주어진 원의 넓이와 동일한 넓이의 정사각형을 그릴 수 있는가?
   (원적 문제)
③ 주어진 정육면체의 2배의 부피를 갖는 정육면체를 그릴 수 있는
   가? (배적 문제)

 단, 여기에는 눈금 없는 자와 컴퍼스만을 이용하여 작도해
야 한다는 단서가 붙어 있습니다. 우리가 주목할 문제는 ②
번 문제입니다. 하지만 이 3문제는 각각 수학적으로 큰 가치
가 있는 문제들입니다.
 특히 강조하고 싶은 것은 이와 같은 문제 제기의 공공연성
입니다. 언제라도 공개 논의를 할 수 있도록 열려 있다는 점
은 그리스 수학이 차별화되는 핵심입니다.

 광인 이처럼 차별화된 환경은 어떤 결과를 가져왔나요? 궁
금합니다.

그 결과가 바로 그리스 수학에만 있는 엄밀한 논증적 태도입니다. 유클리드의 《원론》이 초등 수학 수준의 내용을 정리한 것임에도 불구하고 13권이나 되는 것은 지루할 정도로 치밀한 논증적 태도 때문입니다. 거기에는 기하학만 담겨 있는 것이 아니라 당시 기본적 수학 지식(종합 기하, 대수, 수론)이 총망라되어 있습니다. 하지만 논증적 태도를 바탕으로 하고 있었으므로 계산술에 관한 것은 빠져 있습니다.

광인 실용성은 논증에 의한 진리 추구에 비해 나중의 문제였군요. 그런데 왜 그리스 인들은 작도를 할 때 눈금 없는 자와 컴퍼스만 가지고 할 것을 고집했을까요? 평소 그 점이 매우 궁금했습니다.

원주율 구하기와는 조금 무관해 보이지만, 매우 중요한 질문입니다.

그리스 수학자들은 자신의 논증을 반박할 수 없는 것으로 만들기 위해서 몇 개의 자명한 공리들로부터 추론을 시작하고자 했습니다. 그리고 모든 구체적인 명제들이 자명한 공리와 연결될 수 있도록 했습니다.

따라서 이러이러한 식으로 작도를 하면, 어떠어떠한 도형을 얻을 수 있다는 명제를 증명한다는 것은 그리스 인들에게 다음과 같은 의미가 있습니다.

주어진 명제를 그와 관련된 자명한 공리에까지 연결시켜 주기만 하면 명제들도 공리와 같은 수준의 자명한 것이 됩니다. 이런 논리 기법을 연역법이라 합니다.

유클리드의 공리들은 가장 기본적인 작도를 눈으로 확인시켜 주는 것에 해당합니다. 그것을 누구라도 인정하지 않을 수 없게 만드는 것은 오직 눈금 없는 자와 컴퍼스만으로 작도하는 것입니다. 만일 다른 복잡한 도구를 사용해야 한다면 그것은 구체적인 명제가 몇 가지 자명한 공리로는 충분히 연결될 수 없다는 의미입니다. 이런 이유로 눈금 없는 자와 컴퍼스만 사용한다는 단서가 필수적으로 따라다녔던 것입니다.

이와 같은 단서가 없다면 유명한 3대 작도 문제는 그야말로 아무 문제도 아닙니다. 일찍이 모두 해결되었을 것입니다. 이를테면 임의의 각을 3등분하는 문제는 자로 길이를 딱 1번만 재는 것을 허용해도 아주 쉽게 풀립니다.

견자 정말요? 한번 보여 주세요.

이러한 해법도 아르키메데스가 제시했으며, 매우 간단한

것이니 지금 보여 드리지요.

임의의 각 x가 주어져 있을 때, 그 밑변을 연장하고 꼭짓점 O를 중심으로 하는 임의의 반지름이 r인 반원을 그립니다. 이때 각 x의 다른 한 변이 반원과 만나는 점을 C라 합니다.

이번에는 자로 딱 1번만 길이를 측정하여, 거리가 r이 되는 두 점 A, B를 자에다 찍습니다. 이 자가 C를 지나가되, 점 A가 밑변의 연장선 위에 놓이면서 점 B가 원주 위에 놓이도록 자를 이동시킵니다. 만일 C로부터 A를 너무 멀리 놓으면 B가 반원 바깥에 위치하고, A를 너무 가까이 놓으면 B가 반원 안에 들어오게 됩니다.

이와 같은 방법을 사용하면 정확하게 원주 위의 B는 반드시 얻을 수 있으며 유일합니다. 이때 $\angle BAO = y$는 x의 $\frac{1}{3}$이 됩니다.

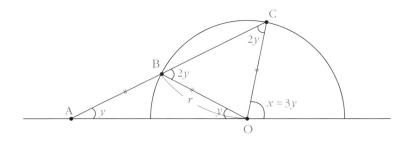

임의의 각을 3등분하는 아르키메데스의 방법

제자 일동 정말 신기합니다!

증명도 매우 간단합니다. 삼각형 BCO와 BAO가 각각 이등변삼각형인 것과 내각의 성질을 이용하면 여러분도 쉽게 증명할 수 있습니다. 한번 해 보세요.

광인 그런데 그리스 인만이 지녔던 논증적 태도가 원주율을 구하는 문제에서는 어떻게 나타났습니까?

그것이 이 시간에 살펴볼 핵심입니다. 사실 그리스의 원적 문제는 2가지 방향에서 진행되었습니다.

그 하나는 지금까지 얘기한 바와 같이 순수 기하학적 문제로 다루었고, 다른 하나는 실용상의 목적에서 근삿값을 찾는 문제로 다루었습니다.

그렇지만 근삿값을 찾을 때에도 나름대로 구한 값만을 제시하고, 그것이 옳음을 주장하는 태도에만 그친 것이 아니라, 값을 구한 방법과 과정이 공개되어 그에 따른 문제점과 한계를 명확히 해 두는 전통을 유지했습니다. 사소해 보이는 이 점은 학문의 지속적 발전이라는 정말 중요한 차이를 낳습니다.

견자 아르키메데스의 경우를 예로 들어 주세요.

　아르키메데스의 원에 내접하는 정다각형의 변의 수를 늘려 나가는 방법은 그리스에서도 오래전부터 사용되고 있었습니다. 안티폰(Antiphon, B.C.480~B.C.411)이라는 소피스트는 내접 정사각형으로 시작해서 각 변 위에 이등변삼각형을 계속 만들어 더해 나감으로써, 원과 동일한 면적의 다각형을 구한다는 생각을 전개했습니다. 일단 원을 정다각형으로 만들면 그것을 정사각형으로 바꾸는 것은 무척 쉬운 일입니다. 그렇게만 되면 원적의 문제는 해결됩니다.

　그런데 안타깝게도, 결국은 원주율을 알아야만 넓이의 명확한 값도 알 수 있기 때문에 문제의 초점은 원주율 구하기로 돌아오고 맙니다.

　이처럼 공개된 문제와 그 과정 및 한계를 명확히 알고 있던 아르키메데스는 집중적으로 원주율에 관한 탐구를 시도할 수 있었습니다. 이 점이 다른 문명권에서는 볼 수 없었던 그리스 특유의 학문 방식이었던 것입니다.

견자 그래서 아르키메데스는 원의 넓이와 같은 정사각형을 작도할 수 있었나요?

아니지요. 아르키메데스도 이 문제를 해결한 것은 아닙니다. 중국의 조충지가 구했던 값과 비교하더라도 아르키메데스의 원주율 값은 정밀하지 못합니다.

그렇지만 이 사실에 너무 흥분할 필요는 없어 보입니다. 왜냐하면 조충지의 것보다 700년이나 먼저 등장한 것이기도 하거니와, 그도 틀린 값을 제시한 것은 아니며, 원하는 만큼 정밀한 값을 구할 수 있는 방법을 더욱 명확하게 추구한 것은 아르키메데스이기 때문입니다.

광인 학문적 업적에 대한 평가에서 많은 것을 깨닫게 되었습니다.

아르키메데스의 책이 얼마나 더 있었는지 모르지만 《나선에 관하여》, 《원의 측정에 관하여》, 《포물선의 넓이 구하는 방법》, 《유사 원뿔과 회전 타원체에 관하여》, 《구와 원기둥에 관하여》 등은 현재까지 전해지는 책으로서 그가 연구한 내용을 속속들이 알 수 있게 기록해 놓았습니다. 특히 《방법론》이라는 책은 무척 중요한 것으로 1906년에야 빛을 보았습니다.

그의 책들이 최신의 이론과 거리가 먼 내용을 담고 있다고 해서 가치가 없는 것이라면 우리의 과학 연구는 언제나 곧 가치가 없어질 것을 연구를 하고 있는 것입니다. 따라서 그의 책들은 당시로서는 훌륭한 결과를 담고 있었을 뿐만 아니라 방법론의 선구적 업적을 담고 있었기 때문에 오늘날까지도 가치가 높은 것입니다.

향원 아르키메데스가 구한 원주율 구하는 방법을 알고 싶습니다.

같은 방법을 사용한 다른 문명권의 경우와 크게 다르지 않지만, 아르키메데스의 경우는 그 방법을 우리가 추측할 필요가 없고 확인만 하면 된다는 점이 중요합니다.

물론 확인해야 할 책은 친절한 제목에서도 알 수 있다시피 《원의 측정에 관하여》입니다.

그는 실제로 원주율을 구하기 위하여 원에 외접하는 것과 내접하는 정96각형을 채택했고, 그 결과 원주율 값은 다음과 같았습니다.

$$3\frac{10}{71} < \pi < 3\frac{1}{7}$$

이를 소수로 바꾸면 다음과 같습니다.

$$3.140845\cdots < \pi < 3.142857\cdots$$

주의할 것은 그 당시에는 아직 소수 표현이나, 원주율 기호 π, 삼각함수 등을 사용하지 않았다는 사실입니다.

그럼에도 불구하고 계산을 해냈음은 물론이고, 그 전말을 꼼꼼히 기록했다는 것은 그의 집념을 잘 보여 주는 것입니다. 우리는 이 과정을 현대적 표현 방법을 사용하여 보이겠습니다.

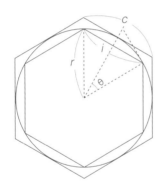 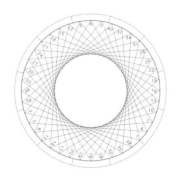

원주율을 구하기 위한 아르키메데스의 방법
(오른쪽은 원에 외접하는 정40각형 작도)

계산의 핵심은 주어진 정다각형의 한 변에 대한 내각을 반으로 하면 내접하는 변의 길이와 외접하는 변의 길이가 각각 어떻게 변하는가를 아는 것입니다. 여기서 내각을 반으로 한다는 말은 정다각형의 변의 수를 배로 늘리는 것이기 때문입니다.

만일 $\theta = \dfrac{\pi}{n}$ 가 정다각형의 한 변에 대한 내각의 반이라고 하면, 내접하는 변의 길이는 앞 페이지의 그림에서 보듯이

$$i = 2r\sin\theta$$

이고, 외접하는 한 변의 길이는

$$c = 2r\tan\theta$$

입니다.

따라서 원의 둘레 $C = 2\pi r$에 대해서는 $ni < 2\pi r < nc$이므로 $2r$로 나눠 주면

$$n\sin\theta < \pi < n\tan\theta$$

가 성립합니다. 따라서 원래의 변의 수를 2배씩 하기를 k번 하면 식은 다음과 같은 꼴이 됩니다.

$$2^k n \sin\left(\frac{\theta}{2^k}\right) < \pi < 2^k n \tan\left(\frac{\theta}{2^k}\right)$$

여기서 k를 충분히 크게 하면 부등식의 양변이 π에 한없이 가까워집니다. 다시 한 번 말하지만 아르키메데스가 이와 같은 삼각함수를 이용하지는 않았습니다. 그렇지만 피타고라스의 정리에 의한 값을 이용하여 n이 6일 때의 값을 구할 수 있었습니다.

즉, 정96각형이란 정육각형으로 시작하여 변의 수를 2배씩 늘리기를 4번한 것이므로 n이 6이고, k가 4인 경우입니다.

광인 실제 계산에서 k의 값을 하나씩 높여 가는 것이 가장 큰 문제로 여겨집니다. 이 문제를 아르키메데스는 어떻게 처리했나요?

그 점이 핵심입니다. 오늘날 같으면 삼각함수의 반각 공식을 반복해서 적용하는 것으로 처리하면 됩니다. $k=4$인 경우, 2개의 정96각형에서 반각 공식에 포함된 제곱근을 약간 작은 유리수 값(부등식에서 하한)과 약간 큰 유리수 값(부등식에서 상한)으로 근삿값을 조정해서 얻은 결과가 $3\frac{10}{71} < \pi < 3\frac{1}{7}$인 것입니다. 그러나 아르키메데스가 살았던 시대는 이러한

표기법이 개발되지 않았던 때였으므로 표현은 못했지만, 그가 했던 계산 과정에는 다음과 같은 반각 공식과 매우 흡사한 내용이 담겨 있습니다.

$$\cot\left(\frac{\theta}{2}\right) = \cot\theta + \mathrm{cosec}\,\theta,$$
$$\mathrm{cosec}^2\left(\frac{\theta}{2}\right) = 1 + \cot^2\left(\frac{\theta}{2}\right)$$

실제로 아르키메데스는 $\cot\theta$와 $\mathrm{cosec}\,\theta$로부터 $\cot\left(\frac{\theta}{2}\right)$와 $\mathrm{cosec}\left(\frac{\theta}{2}\right)$를 얻어낼 수 있었습니다.

광인 그래도 원주율의 근삿값을 구하기 위해서는 피타고라스의 정리를 계산하는 과정에 나타나는 무리수의 근삿값을 정해야 합니다.

그렇습니다. 그것만 해결하면 원주율의 근삿값을 구하는 문제는 마무리됩니다. 이를테면 처음 시작할 때 정육각형에서 $\sqrt{3}$의 근삿값을 정해야 하는데, 아르키메데스는 이 값을 약간 작은 수 $\frac{265}{153}$로 잡았습니다. 정12각형에서는 $\sqrt{349450}$: 153의 근삿값을, $591\frac{1}{8}$: 253으로 단순화했습니다. 마지막으로 정96육각형에서는 10진법으로 열 자리 수의 제곱근까지 구했습니다.

그렇게 할 수 있었던 비결은 처음 두 항만 직접 구하고, 이어지는 항들은 앞의 두 항의 조화평균과 기하평균을 각각 외접, 내접, 다각형에 번갈아 가며 적용하는 것이었습니다.

이 결과는 중세에서 가장 인기 있었던 아르키메데스의 저작 가운데 하나인 《원의 측정에 관하여》의 명제 3에 실려 있습니다. 더욱 단순화한 원주율의 값 $\frac{22}{7}$ 는 진정으로 아르키메데스의 원주율이라 부르기에 손색이 없습니다. 가장 먼저 발견했는지의 여부를 떠나 그 값을 구한 해법을 명확하게 밝힐 수 있었던 최초의 사람이 아르키메데스이기 때문입니다.

만화로 본문 읽기

이렇게 그리스 여행도 오고~, 참 신나죠?

네! 그런데 선생님, 그리스 수학의 정신은 무엇인가요?

흠, 그리스 수학은 실용적 결과보다는, 논증적 태도를 바탕으로 필연적 진리를 추구했답니다.

그리스 수학이 차별화되는 이유가 뭔가요?

오늘은 좀 쉬어 볼까 했는데….

상징적인 예로 '공개된 문제들'을 들 수 있어요. 당시 소피스트들이 가장 열심히 연구한 것 중 대표적인 것이 기하학 작도 문제였지요.

구체적으로 어떤 문제였나요?

기하학 작도 문제

소피스트

3대 작도 문제는 유명할 뿐만 아니라, 그 해결 과정에서 수학을 엄청나게 발전시켰죠.

이 명제들을 증명해 보시오.

뜸들이시니까 더 궁금해요. 빨리 말씀해 주세요.

소크라테스

하하하, 3대 작도 문제는 다음과 같습니다.

단, 눈금 없는 자와 컴퍼스만으로 작도해야 합니다.

(1) 주어진 임의의 각을 삼등분할 수 있는가?
(2) 주어진 원의 넓이와 동일한 넓이의 정사각형을 그릴 수 있는가?
(3) 주어진 정육면체의 2배의 부피를 갖는 정육면체를 그릴 수 있는가?

중요한 건 그리스 수학은 언제라도 공개 논의를 할 수 있도록 열려 있다는 점이죠. 그 결과 엄밀한 논증적 태도를 지니고 있답니다.

아, 그리스 수학은 그런 과정을 통해서 발전하게 된 것이었군요.

삼각함수와 호도법

1,000년이 넘는 중세 동안은 자유로운 학문이 금지되어
서구의 수학은 전혀 발전하지 못했지만
중세를 지나자마자 대대적인 발전을 시작했습니다.
이로써 동양의 수학과는 차이가 뚜렷해지는데 그 비결은 무엇이었을까요?

6

여섯 번째 수업
삼각함수와 호도법

교.   초등 수학 6-2   4. 원과 원기둥
과.   중등 수학 1-2   II. 기본 도형
과.   중등 수학 3-2   IV. 삼각비
연.   고등 수학 1-2   III. 삼각함수
계.

오일러는 서양이 중세 이후
학문적으로 발전한 배경을 알아보자며
여섯 번째 수업을 시작했다.

아르키메데스 이후

위대한 인물의 등장은 많은 발전을 가져오지만 뒤따르는
사람들이 해야 할 몫까지 한 것이기도 해서 한동안 발전이 정
체되는 현상도 가져옵니다. 그렇지만 유클리드와 아르키메
데스라는 수학의 두 거인에 가려 그냥 지나치기 쉬운 인물이
었던 아폴로니우스(Apollonius, B.C.262~B.C.190), 후기 알렉
산드리아 시대를 대표하는 헤론(Heron, ?~?)과 파포스
(Pappos, ?~?)도 원주율에 관한 업적을 남겼습니다.

견자 한 사람씩 업적을 말씀해 주세요.

아폴로니우스는 아르키메데스보다 앞선 시대의 뛰어난 수
학자였습니다. 그 역시 원주율을 구한 적이 있었고, 그 값
은 다음과 같습니다.

$$\pi = 3\frac{17}{120} = 3.14166666\cdots$$

그보다 약 80년 후에 활동한 위대한 천문학자 프톨레마이
오스(Klaudios Ptolemaeos, 85?~165?)도 이 값을 사용했습니
다. 실용적인 값으로는 아폴로니우스가 아르키메데스의 값
을 약간 개량시킨 것으로 보이나 그런 언급이 실렸다는 책은
분실되고 말았습니다.

아폴로니우스는 원을 새롭게 정의했을 뿐만 아니라 더 나
아가 포물선, 타원, 쌍곡선 등 원뿔 단면의 곡선에 관한 중요
한 업적을 남겼습니다.

견자 원뿔 단면의 곡선 연구가 왜 중요한가요?

무려 1,800년 정도나 지난 후에 케플러(Johannes Keplet,

1571~1630)가 행성 법칙을 발견하고 그 사실을 자신 있게 발표할 수 있기까지는 아폴로니우스의 타원 연구가 결정적 역할을 했습니다.

만일 아폴로니우스의 연구가 없었더라면 행성에 관한 인간의 지식은 훨씬 더 늦어졌을 것입니다. 그런데 아폴로니우스가 타원 연구에 집중할 수 있었던 배경에는 아르키메데스의 원에 대한 철저한 연구가 있었기 때문입니다.

수학자의 비밀노트

무한 개념

전통적인 원의 정의는 '한 정점으로부터 일정한 거리에 있는 점들의 모임'이었다. 아폴로니우스의 원에 대한 새로운 정의는 '두 정점으로부터 떨어진 거리의 비가 일정한 점들의 모임'이다. 이로써 얻을 수 있는 놀라운 사실은 '무한 개념'의 새로운 이해이다.

왜냐하면 아폴로니우스의 새로운 원의 정의에 의하면 '두 정점으로부터 거리의 비가 1:1인 원'은 두 정점을 1:1로 내분하는 점과 외분하는 점을 지름의 양끝으로 하기 때문에 반지름이 '무한대'인 원이고, 그것은 실질적으로 두 정점을 잇는 선분을 수직으로 이등분하는 '직선'을 의미한다.

무한 개념이 개입됨으로써 곡선과 직선의 경계를 넘어설 수 있음을 알았지만, 당시 사람들이 다룰 수 없어 기피했던 무한 개념의 사용을 피하여 '거리의 비가 1:1'이라는 간단한 유한적 표현으로 무한 개념을 담아냈다는 의미가 있다.

견자 그렇군요. 헤론과 파포스는 어떤 업적을 남겼나요? 더 정밀한 원주율을 계산했나요?

두 사람은 원주율에 관해서 직접적인 공헌을 하지는 않았습니다. 유클리드, 아르키메데스, 아폴로니우스를 일컬어 '그리스 수학의 황금기를 만든 트리오'라고 부르며, 그들은 모두 전기 알렉산드리아 시대의 인물입니다.

한편 헤론과 파포스, 디오판토스(Diophantos, 246?~330?)는 앞의 세 사람에는 못 미치지만 이후 로마 집권기의 그 어느 때보다 나았던 '은시대'의 트리오이며, 그들은 모두 후기 알렉산드리아 시대의 인물입니다.

헤론은 아르키메데스로부터 수학의 실용적 적용의 정신을 계승했으며, 파포스는 원을 가장 완벽한 도형으로 보고 아르키메데스가 원주율을 구할 때 반드시 필요로 했던 산술평균, 기하평균, 조화평균 등에 관한 정리를 했습니다.

향원 그 이후로는 이렇다 할 발전이 없었다는 말씀이시군요.

그렇습니다. 오히려 중세 시대 내내 공식적으로는 원주율이 성서에 있는 대로 3이었으므로, 고대 문명 시대 중에서도 초기로 퇴보한 셈이지요.

광인 그렇다면 중세가 끝나자마자 비약적인 발전을 이룬 서구 학문의 원동력은 어디서 찾을 수 있나요?

몇 마디 말로는 설명할 수 없는 다양한 요인이 있었습니다. 그렇지만 이 자리에서는 수학에 관한 것만 밝히겠습니다. 서구에서는 비록 새로운 시대적 환경에 의해서 수학 연구가 단절되긴 했지만 언제라도 계속 이어서 진행될 수 있는 상태로 중단되었습니다.

열린 논의가 언제라도 다시 가능한 상태로 그리스 자료와 학문적 태도가 고스란히 저장될 수 있었던 것은 인접한 이슬람 제국의 기여가 결정적이었습니다. 그들은 학문적 저장고 역할을 충실히 해 주었을 뿐만 아니라 일정 부분을 더욱 발전시키기도 했습니다.

광인 중세의 암흑기에도 지식의 예비를 멈추지 않은 이슬람 제국의 노력이 인상적입니다. 구체적 모습에 대해 알고 싶습니다.

원주율을 구하는 기법의 새로운 발전과 관련하여 강조하고 싶은 이슬람 제국의 발전된 수학 분야는 대수학과 삼각법입니다.

광인 삼각법은 이해가 되지만 도형에 관한 지식의 발전이 기하학이 아닌 대수학에서 비롯되었다는 점이 또한 인상적입니다.

그리스의 추상적 철학의 바탕이 된 순수한 기하학 중심의 수학이 멈춰 있는 동안에도 인도와 이슬람권의 실용 수학은 계속되었습니다. 그들의 산술적 계산에 대한 연구는 수학에서 대수학의 비중을 크게 넓혔으며, 방정식의 해법 연구에 큰 관심을 갖게 했습니다.

어찌 보면 삼각법(아직 삼각함수라 부를 단계는 아님)도 기존의 기하학을 대수적 측정으로 다루는 과정에서 생긴 산물이라고 할 수 있지요.

이런 새로운 현상은 후에 기하학을 대하는 태도와 연구 방향에 직접 영향을 미칩니다. 원래 그리스의 기하학은 복잡한

된 것이기도 한데 따른 논란을 피하고 싶은 성향에서 비롯되기도 한 것인데, 굳이 회피하지 않아도 좋을 만큼 새로운 계산 지식이 축적되었던 것입니다.

광인 그렇게 이끈 수학 외적 원동력이 있을 것 같습니다.

그렇게 되도록 이끈 원동력은 무엇보다 천문학이었습니다. 정밀한 천문학에 대한 요구는 지역과 신분을 가리지 않고 일어났습니다. 신학적 근거를 위한 성직자, 오랜 여행을 해야 하는 상인, 새로운 대륙에 관심이 많은 항해사, 정확한 달력을 필요로 하는 통치자, 심지어 농민들까지도 엄밀한 수치 계산이 뒷받침된 천문학적 지식을 필요로 했습니다. 그에 따라 삼각법은 중단 없이 자연스럽게 발전하게 된 수학 분야입니다.

그런데 당시 절실하게 필요로 했던 삼각법이란 정확한 표의 계산과 작성에 집중된 것이어서, 대수(산술)적 발전도 같이 요구되었던 것이지요. 이때 이룬 지식적 성과는 중세가 끝나고 근대가 들어서며 은행을 비롯한 금융 및 상업적인 용도와 거대 건축물 제작, 식민지 개척을 위한 고성능 무기 제작 등 국가적 차원의 필요에 따라 폭발적으로 활용·발전됩니다. 다소 과장해서 말하자면 서구 근대화의 실질적인 원천인 셈입니다.

광인 그런 배경이 원주율을 구하는 새로운 기법도 가능하게 한 것이군요.

특히 삼각법은 이미 고대 그리스나 주변 고대 문명권에서도 단편적으로 연구되었던 것입니다. 중세에 들어서도 이슬람권에서는 지속적으로 연구했는데, 그들은 그리스의 유산뿐만 아니라 인도의 것까지도 계승·발전시켰습니다.

이때 원주율 계산에 결정적인 배각 공식이나 반각 공식 등이 체계적인 형식을 갖춘 정리로 증명되었습니다.

견자 선생님, 저는 반각 공식이라는 것이 무엇이며 그것이 원주율 계산에서 왜 중요한지를 모르겠습니다.

아주 적절한 질문입니다. 먼저 반각 공식의 1가지 모습을 보여 드리지요.

$$\sin^2 \frac{\theta}{2} = \frac{1-\cos\theta}{2}$$

무척 간단한 식입니다. 이 식을 이미 알고 있는 사람도 있을 것이고 그렇지 않은 사람도 있을 것입니다. 사실 그건 중요하지 않습니다.

우리가 주목해야 할 사항은 어떤 각의 반$\left(\dfrac{\theta}{2}\right)$에 대한 정보를 원래의 각($\theta$)에 대한 정보로부터 알 수 있을 뿐만 아니라, 그런 정보 획득이 계속 이어질 수 있도록 공식화했다는 점입니다.

이런 방법의 개발은 생각보다 엄청난 위력을 가진 창조에 가깝습니다. 누구나 잘 알 수 있는 최초의 정보 하나만 주어지면 그 반에 대한 정보는 계속해서 얻을 수 있기 때문입니다. 이를테면 θ가 $90°, 60°, 45°$일 경우는 좋은 출발점이 됩니다.

견자 아하, 그렇군요!

광인 잘 알겠습니다. 그렇지만 반각 공식은 어디에서 유도되었나요?

이젠 질문의 수준이 진정한 수학적 정신을 가진 사람의 것이기에 스승으로서 무척 기쁩니다. 이 반각 공식은 그 전 단계인 배각 공식을 알면 쉽게 유도할 수 있습니다.

$$\cos 2\theta = \cos^2\theta - \sin^2\theta = \cos^2\theta + \cos^2\theta - (\cos^2\theta + \sin^2\theta) = 2\cos^2\theta - 1$$

여기에는 이미 피타고라스의 정리가 $\sin^2\theta + \cos^2\theta = 1$이라는 삼각함수 형태로 적용되어 있습니다.

광인 그러면 다시 이 배각 공식은 어디에서 유도되었나요?

이 공식은 보다 전 단계인 덧셈 정리에서 나타납니다.

$$\cos(a+b) = \cos a \cos b - \sin a \sin b$$

즉, 일반꼴의 덧셈 정리에서 $a=b=\theta$인 경우에 해당합니다. 그리고 이 덧셈 정리는 다시 반지름이 1인 단위원을 통해서 도식적으로 간단히 증명될 수 있습니다.

그런데 이 과정에서도 바탕이 되는 것은 피타고라스의 정리입니다.

따라서 피타고라스의 정리에 대한 여러 가지 증명을 이미 끝낸 것이 그리스 수학인 것입니다. 그리고 이처럼 꼬리를 물고 이어지는 지속적 발전의 토대가 바로 그리스의 논증 수학이지요.

광인 우아, 마치 하나의 네트워크를 보는 것 같습니다! 이와 같은 지속적인 발전이 서구 중세 시대의 이슬람권에서는 멈추지 않았기 때문에 근대에 들어 비약적 발전을 시작할 수 있었군요.

그렇습니다. 이후 유럽의 삼각법에 대한 종합적 정리도 중세가 끝나고 근대로 들어서는 길목인 15세기에 이루어진 것은 결코 우연이 아닙니다.

수학에서 르네상스를 연 중심 인물은 레기오몬타누스(Regiomontanus, 1436~1476)입니다. 왜냐하면 그가 유럽에 삼각법의 부활을 가져온 《삼각법의 모든 것》을 저술했기 때문입니다. 천문대도 직접 만들어 천문학 연구에도 공헌했으며, 특히 콜럼버스(Christopher Columbus, 1451~1506)가 대서양을 횡단해 아메리카 대륙을 발견할 때 사용한 달력도 그가 만든 것입니다.

견자 이름은 낯설지만 대단한 학자였군요.

이름이 별로 알려지지 않은 이유는 아마도 그가 지지한 천문학적 입장이 프톨레마이오스의 천동설이었기 때문일 것입니다. 지동설을 주장했던 코페르니쿠스(Nicolaus Copernicus, 1473~1543)가 나타나기 직전에 살았으니, 가장 늦게까지 잘 못된 천체 이론을 고집했던 인물로 폄하되고 말았지요.

사실 그는 모든 저술마다 예수 상징의 알파와 오메가를 넣을 정도로 독실한 신자로서 교회의 믿음 체계인 천동설을 부정하기 어려웠으며, 자신의 판단 이전에 주입된 견해를 수정하기에는 너무 이른 나이에 죽었습니다.

어쨌든 레기오몬타누스는 잘 정립된 삼각법을 유럽에 정착시킴으로써 수학의 르네상스를 여는 데 큰 역할을 한 주인공인데, 그가 삼각법에 관심을 갖게 된 계기가 무척 재미있습니다.

견자 알려 주세요!

당시 곳곳에 세워진 동상은 저마다 가장 잘 보이는 위치가 있다는 사실에 착안하여 그 거리를 구하는 과정에서 자연스럽게 삼각법을 다루게 되었답니다. 1471년 레기오몬타누스는 이 문제를 제기했고, 여기서 오늘날 쓰이는 삼각법이 정의되는 계기가 되었습니다.

이 에피소드는 사소해 보이는 것에 대한 순수한 애정과 관

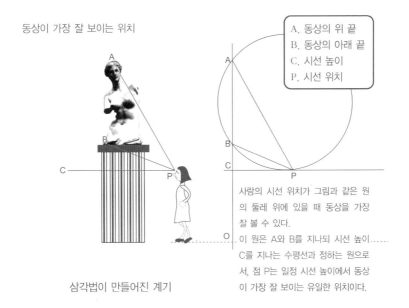

동상이 가장 잘 보이는 위치

A. 동상의 위 끝
B. 동상의 아래 끝
C. 시선 높이
P. 시선 위치

사람의 시선 위치가 그림과 같은 원의 둘레 위에 있을 때 동상을 가장 잘 볼 수 있다.
이 원은 A와 B를 지나되 시선 높이 C를 지나는 수평선과 정하는 원으로서, 점 P는 일정 시선 높이에서 동상이 가장 잘 보이는 유일한 위치이다.

삼각법이 만들어진 계기

심에서 대단한 학문의 출발이 이뤄진다는 교훈을 줍니다.

호도법

한편 원주율과 관련하여 호도법에 대한 얘기도 정리해 둘 필요가 있습니다. 호도법이란 실용적인 목적일 때가 아닌 이론적인 목적일 때 원의 중심각을 말하는 근원적인 방법입니다. 호도법이 언제 사용되기 시작했는지 정확한 시기를 말하기는 어렵습니다.

다만 'π'라는 원주율 기호가 처음 사용된 것이 1706년 존스 (William Jones)에 의해서이므로 오늘날과 같은 형태로 사용된 것이 적어도 18세기 이후인 것만은 사실입니다. 원주율 π는 말 그대로 '지름에 대한 원 1바퀴 둘레 길이의 비'를 말하는 것에 비하여, 호도법에서 θ는 '반지름에 대한 호의 길이의 비'이므로 원 전체는 호도법으로 π가 아닌 2π에 해당합니다.

이처럼 같은 기호가 동일한 원의 1바퀴를 나타내는 데 사용되면서도 서로 다르게 나타나는 사실에 주의하지 않으면 나중에 무척 헷갈리게 됩니다.

견자 맞습니다. 똑같이 원의 1바퀴인데 원주율은 π이고 호도로는 2π인 점이 늘 헷갈렸어요.

호도법에 대해서는 생각보다 잘 모르는 것 같아서 조금 더 설명을 하고 이 시간을 마치겠습니다.

호도법은 호의 길이가 반지름 길이와 같은 부채꼴의 중심각을 1로 잡아 주는 방식입니다. 이때 단위는 도가 아닌 라디안이라 부릅니다. 1라디안을 각도로 치면 $\frac{360}{2\pi} \fallingdotseq 57.2957°$ 입니다.

왜냐하면 원 전체는 반지름의 2π배이므로 2π라디안이고, 전체인 2π라디안 중에 1라디안이 차지하는 각도는 $\frac{1}{2\pi} \times$ 360°이기 때문입니다. 그래서 1°는 그 역수인 $\frac{2\pi}{360}$ 라디안이 되지요.

견자 여기까지는 주의 깊게 설명을 들으면 그런대로 잘 이해가 되는데, 왜 굳이 호도법을 써야 하는지를 잘 모르겠습니다.

호도법이 일상적인 사용에서는 훨씬 불편한 것이 사실입니다. 다시 말해 부채꼴의 각에 대해서만 나타낼 때는 그냥 친숙한 각도를 사용하는 것이 쉽고 편합니다.

그렇지만 해석학(미적분학)의 연산을 다룰 때에는 호도법이 매우 편리합니다. 굳이 '해석학'이라는 어려운 용어를 쓰지 않고 이유를 대자면, 그냥 각만 알고자 하는 것이 아니라 연산 과정 중에 원주율이 들어가는 어떤 값을 구할 때에는 어차피 '각의 호도화 과정'이 들어가게 되어 있습니다.

이를테면 반지름 r인 원의 넓이를 구한다면 πr^2입니다. 여기서 원의 각도 360°는 아무런 쓸모가 없습니다. 다만 원의 호도 2π의 $\frac{1}{2}$이 곱해질 따름입니다.

이번에는 반지름 r인 반원의 넓이를 구한다면 $\frac{\pi}{2}r^2$이므로 역시 반원의 각도 $180°$는 아무런 작용도 하지 않고 반원의 호도 π의 $\frac{1}{2}$이 곱해질 따름입니다. 이것을 일반화시키면 임의의 부채꼴은 (반지름)$^2 \times \left(\text{호도의 } \frac{1}{2}\right)$, 즉 $\frac{1}{2}r^2\theta$가 성립합니다. 여기서 θ가 바로 호도입니다.

만일 θ가 각도로 주어졌다면 $\frac{2\pi}{360}$를 곱해서 호도화시켜야 합니다. 따라서 원주율이 연산에 개입될 경우라면, 어차피 호도화시켜야 할 것이므로 처음부터 각을 호도법으로 사용하는 것입니다. 어때요, 이제 호도법을 사용하는 이유를 이해했나요?

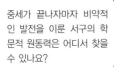

중세가 끝나자마자 비약적인 발전을 이룬 서구의 학문적 원동력은 어디서 찾을 수 있나요?

다양한 요인이 있지만, 이슬람 제국의 기여가 결정적이었어요.

특히 이슬람 제국에서는 원주율을 구하는 기법의 발전과 관련하여 대수학과 삼각법이 발전하였지요.

도형에 관한 지식의 발전이 기하학이 아닌 대수학에서 비롯되었다는 점이 인상적이네요.

대수학

삼각법 △

당시 절실하게 필요로 했던 삼각법이란 정확한 표의 계산과 작성에 집중된 것이어서, 대수적 발전도 같이 요구되었죠.

그런 배경이 원주율을 구하는 새로운 기법도 가능하게 한 것인가요?

그래요. 이때 원주율 계산에 결정적인 배각 공식, 반각 공식 등이 체계적인 형식을 갖춘 정리로 증명되었지요.

반각 공식
$$\sin^2 \frac{\theta}{2} = \frac{1-\cos\theta}{2}$$
배각 공식
$$\cos 2\theta = 2\cos^2\theta - 1$$

아, 그 공식들은 알고 있어요. 이거 맞죠?

잘 알고 있군요. 공식이 유도된 과정을 살펴보면 반지름이 1인 단위원으로부터 덧셈 정리, 배각 공식, 반각 공식이 증명됩니다. 이것의 바탕은 피타고라스의 정리이고요.

우와, 마치 하나의 네트워크를 보는 것 같아요!

나! 소크라테스.

반각 공식
↑
배각 공식
↑
덧셈 정리
↑
반지름이 1인 단위 원 ◄

이처럼 꼬리를 물고 이어지는 것이 바로 그리스의 논증 수학인 것이지요.

이슬람권에서는 이런 지속적인 발전이 멈추지 않았기 때문에 근대에 들어 비약적 발전을 할 수 있었군요.

7

르네상스를 거치며

원주율의 값을 구하는 방법은 내접 · 외접 정다각형으로부터 접근하는 것은 같지만,
르네상스를 거치며 전혀 다른 모습의 결과를 얻게 됩니다.
그 비결은 삼각법과 호도법이 먼저 개발된 덕택입니다.

7

교.   초등 수학 6-2   4. 원과 원기둥
과.   중등 수학 1-2   II. 기본 도형
연.   중등 수학 3-1   I. 제곱근과 실수
계.

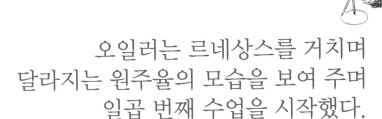

오일러는 르네상스를 거치며
달라지는 원주율의 모습을 보여 주며
일곱 번째 수업을 시작했다.

르네상스를 거치면서 원주율은 다음과 같은 전혀 다른 모
습으로 표현됩니다.

$$\pi = \cfrac{2}{\sqrt{\dfrac{1}{2}} \times \sqrt{\dfrac{1}{2} + \dfrac{1}{2}\sqrt{\dfrac{1}{2}}} \times \sqrt{\dfrac{1}{2} + \dfrac{1}{2}\sqrt{\dfrac{1}{2} + \dfrac{1}{2}\sqrt{\dfrac{1}{2}}}} \times \cdots}$$

제자 일동 와, 놀랍습니다!

수학에서도 르네상스를 열기 위하여 과도기였던 15세기를

거쳐 16세기에 들어서며 가장 두드러지게 발생한 일은 삼각법을 포함한 산술과 대수의 발달입니다.

그 주요 요인은 인간의 자유로운 사고와 활동으로 상업 도시가 성장하게 되고, 다시 그 여력으로 식민지 개척에 나서게 되는 환경 변화입니다. 은행 업무를 비롯하여 무역과 무기 제작 등은 많은 계산을 해야 하는 일입니다.

그에 따른 수학 전체의 변화를 정리하자면 산술, 기호의 정비, 수 체계의 정비, 방정식 이론이라는 네 분야의 비약적 발전으로 요약됩니다.

향원 그러므로 특히 상업 도시가 크게 발달한 이탈리아에서 최초로 삼차, 사차 방정식 해법에 도전하고 또 실제로 성공한 것은 16세기 수학의 상징적 예라 할 수 있겠군요.

정확한 지적입니다. 이런 환경 변화에 힘입어 원주율을 구하는 형태에서도 변화가 생겼습니다. 그 주인공은 프랑스의 아마추어 수학자인 비에트(Francois Viete, 1540~1603)입니다.

그가 아마추어 수학자라는 것은 그의 수학이 서툴러서가 아니라 변호사라는 본업이 따로 있었기 때문입니다.

향원 중국의 조충지의 원주율 값이 얼마나 우수한지를 말할 때 꼭 등장하는 인물이 16세기의 오토입니다. 오토는 5세기말의 조충지보다 1,000년 이상이 지나서야 같은 정확도를 갖는 $\pi \approx \dfrac{355}{113} = 3.141592\cdots$를 구했지요.

그런데 비에트라는 생소한 이름의 아마추어 수학자가 주인공이라 하시니 뜻밖입니다.

비에트는 500개나 되는 스페인 암호문을 해독함으로써 대립 국가로부터 프랑스를 구한 공을 세우기도 했습니다. 또한 16세기 수학의 4가지 발달 가운데 하나인 기호의 정비에도 큰 공헌을 했습니다.

그는 방정식에서 사용하는 문자를 '아는 값'과 '미지의 값'으로 구분하여 사용한 최초의 사람입니다. 지금은 '아는 값'에는 $a, b, c,\ \cdots$를 사용하고 '미지의 값'에는 $x, y, z,\ \cdots$를 사용하지만, 처음에 비에트는 '아는 값'에는 자음을 사용하고, '미지의 값'에는 모음을 사용했습니다. (오늘날과 같은 형태는 17세기 데카르트에 의한 것임)

향원 그렇다면 비에트의 원주율 값이 오토의 것보다 훨씬 더 정확한 것이었나요?

좋은 질문입니다. 오토는 비에트와 거의 동시대 인물입니다. 그렇지만 오토와 비에트 사이에는 분명히 어떤 분수령이 가로놓여 있습니다. 오토의 값이 많이 정확해진 것이기는 하지만 그것은 어디까지나 어림짐작에 의한 근삿값임이 확실해 보입니다.

향원 오토는 어떤 방법으로 원주율을 구했나요?

물론 오토 역시 좀 더 참값에 가깝게 만드는 근거로 근삿값을 구했습니다. 그렇지만 그 근거는 근원적인 것은 못 됩니다.

왜냐하면 그는 프톨레마이오스의 값(정확히 말하자면 아폴로니우스가 발견하여 프톨레마이오스가 자신의 천문학에 채택한 값) $\frac{377}{120}$ 이 참값보다 조금 크다는 사실, 그리고 아르키메데스의 값 $\frac{22}{7}$ 는 그보다 조금 더 크다는 사실을 알고서, $\frac{377}{120}$ 의 분자와 분모에서 $\frac{22}{7}$ 의 분자와 분모를 각각 뺀 분수 $\frac{355}{113}$ 를 취했던 것입니다.

그렇게 취한 값이 프톨레마이오스의 값보다 조금 더 참값에 접근한 근삿값이라는 것은 오토 역시 분명히 알았습니다. 그렇지만 그게 전부이며, 마침 그 값은 중국의 조충지가 1,000여 년 전에 구한 값과 동일한 값이기도 했던 것입니다. 그 점이 흥미 위주의 수치적 비교 대상에 자주 올랐던 까닭에 오토의 값이 실제 가치 이상으로 유명해진 것이지요.

견자 듣고 보니 비에트의 방법과 결과 값이 더욱 궁금합니다.

비에트가 π에 대하여 접근하는 기본적 방식은 아르키메데스와 같은 맥락을 하고 있습니다. 하지만 비에트는 정육각형이 아닌 정사각형에서 시도하였습니다. 그것은 삼각법을 효율적으로 활용하여 π를 표현하기 좋은 방식이기 때문입니다.

그것은 π를 대수적 연산으로 구성된 무한수열로 나타내는 최초의 해석학적 시도를 했다는 데에 큰 의의가 있습니다.

견자 그 결과가 수업 처음에 제시하셨던 값인가요? 제가 다시 써 보겠습니다.

$$\pi = \frac{2}{\sqrt{\frac{1}{2}} \times \sqrt{\frac{1}{2} + \frac{1}{2}\sqrt{\frac{1}{2}}} \times \sqrt{\frac{1}{2} + \frac{1}{2}\sqrt{\frac{1}{2} + \frac{1}{2}\sqrt{\frac{1}{2}}}} \times \cdots}$$

그렇습니다.

견자 비에트가 구한 원주율의 모습이 너무 신기해요. 예상했던 3.141592…와 같은 값이 아니거든요. 값을 구하는 과정이 무척 궁금합니다. 직접 보여 주세요.

비에트의 원주율 구하기는 반지름이 1인 단위원의 중심각이 90°인 부채꼴, 즉 호도법으로 중심각이 $\frac{\pi}{2}$라디안인 부채꼴에서 시작합니다. 일단 그런 부채꼴의 호의 길이는 원주인 2π의 $\frac{1}{4}$이므로, 그 2배가 π임을 분명히 해둡니다.

다시 말해 단위원이란 지름이 2이므로, 원주의 반인 반원의 호의 길이는 π인 것입니다. 이 점만 혼동하지 않으면, 선배 수학자들이 정립한 삼각법의 지식을 활용해서 $\frac{\pi}{2}$를 표시한 뒤, 2배만 취해 보이면 됩니다.

그리고 중심각이 90°인 부채꼴, 즉 호도법으로 중심각이 $\frac{\pi}{2}$라디안인 부채꼴은 호의 길이 또한 그대로 $\frac{\pi}{2}$입니다.

근삿값으로 일단 부채꼴의 양끝을 이은 선분, 즉 부채꼴의 현을 생각합니다. 그 값은 삼각법을 이용하여 나타내면 그림에서 보듯이 $\frac{\pi}{2} \approx \dfrac{1}{\cos\frac{\pi}{4}}$이고, 표기의 편의상 역수를 취하면 $\dfrac{2}{\pi} \approx \cos\dfrac{\pi}{4}$ 입니다.

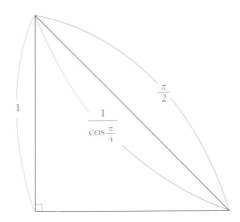

반지름 1인 부채꼴 호의 길이가 현의 길이와 같다고 봄.

이번에는 오차를 줄이기 위하여 부채꼴을 이등분하는 선분의 교점을 잇는 두 현을 생각합니다. 그 합은 호의 길이에 보다 더 가깝습니다. 그 길이는 처음 근삿값을 $\cos\dfrac{\pi}{8}$ 로 나눠 준 값입니다.

즉, $\dfrac{\pi}{2} \approx \dfrac{1}{\cos\dfrac{\pi}{4}\cos\dfrac{\pi}{8}}$ 이고, 표기의 편의상 역수를 취하면

$\dfrac{2}{\pi} \approx \cos\dfrac{\pi}{4}\cos\dfrac{\pi}{8}$ 입니다.

이제는 이 과정의 반복입니다. 그것은 다음과 같은 규칙성을 갖는 모습입니다.

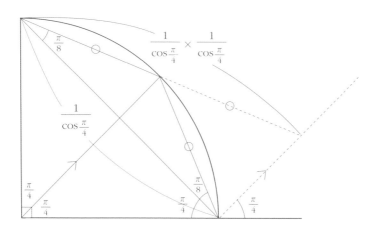

$$\frac{\pi}{2} = \frac{1}{\cos\frac{\pi}{4}\cos\frac{\pi}{8}\cos\frac{\pi}{16}\cos\frac{\pi}{32}\cdots}$$

$$\frac{2}{\pi} = \cos\frac{\pi}{4}\cos\frac{\pi}{8}\cos\frac{\pi}{16}\cos\frac{\pi}{32}\cdots$$

여기서 $\cos\dfrac{\pi}{4} = \sqrt{\dfrac{1}{2}}$ 임을 알고, 그 이후 값들은 반각 공식
에 의해서 계속 구할 수 있습니다. 그 결과가 바로 비에트의
원주율인 것입니다.

$$\pi = \frac{2}{\sqrt{\frac{1}{2}} \times \sqrt{\frac{1}{2}+\frac{1}{2}\sqrt{\frac{1}{2}}} \times \sqrt{\frac{1}{2}+\frac{1}{2}\sqrt{\frac{1}{2}+\frac{1}{2}\sqrt{\frac{1}{2}}}} \times \cdots}$$

새로운 모습의 비에트 원주율 구하기는 이렇게 간단하게 완료됩니다. 그 비결은 잘 정리된 삼각법과 호도법의 발달에 있었습니다.

광인 무리수 계산이 많아서 실제로 사용하기 위한 실용적인 값은 아닌 것처럼 보입니다.

그렇기는 하지만 어림짐작으로 하는 오토의 경우와는 달리, 참값을 향해 가는 과정을 밝혔다는 점에서 질적으로 다른 해법입니다.

실제로 비에트는 유효 숫자를 10자리까지 계산했습니다. 유효 숫자 5, 6자리에서 1,000년 이상을 머문 것에 비하면 비약적인 발전입니다.

이제 바야흐로 원주율 π의 유효 숫자를 늘리는 숫자 사냥은 가속이 붙기 시작합니다. 16세기 말 독일의 클렌(Ludolph van Ceulen, 1540~1610)은 20자리의 근삿값을 발표하고 곧이어 36자리까지 얻습니다.

$$\pi = 3.14159265358979323846264338327950288$$

전 생애를 바친 실로 엄청난 그의 노력을 기려 그의 묘비에 이 수를 새기기도 했지요. 경의를 나타내는 뜻으로 사람들은 이 수를 루돌프의 수라고 부르기도 합니다.

그렇지만 이론적으로 정확한 식을 처음으로 내놓은 비에트의 공헌에는 비할 바가 못 됩니다. 특히 무한대와 무한소의 문제에 산술과 대수와 삼각법을 통해서 접근함으로써 근대 수학의 상징인 해석학(미적분학)을 미리 준비했다는 점에서 의의가 큽니다.

광인 원주율 π 구하기는 단순한 하나의 숫자 구하기가 아니군요.

그렇습니다.

견자 이젠 더 이상 발전할 것이 없어 보여요.

그렇습니다. 방금 소개한 루돌프가 자신이 쓴 논문 〈원에 대하여〉에서 사용한 맺음말인 "누구든지 원하는 사람은 더 정확한 근삿값을 구할 수 있다"에서 상징하듯이 소수점 아래 숫자 사냥은 오직 시간 문제인 것처럼 보입니다.

그렇지만 비에트가 π를 대수적 연산으로 이루어진 무한수열로 나타냈다고는 하더라도 실용적으로는 아직 거의 효능이 없습니다. 무엇보다 제곱근을 계산하는 일이 무척 성가시고 수렴하는 속도도 매우 느립니다.

견자 아하! 아직 더 발전을 해야 할 목표가 있군요. 그런데 수렴하는 속도라는 것이 무슨 말씀인지요?

아, 쉽게 얘기하자면 원주율의 소수점 아래 자릿수를 정해 나가는 것이 무척 더디게 진행된다는 뜻입니다.

견자 어떤 식으로든 더 발전해야 하는데 어떻게 될 것인지 상상이 되질 않아요.

하하하, 그렇습니다. 바야흐로 출발부터 전혀 다른 원주율의 표현들이 등장합니다. 그 모습이 쉽게 상상이 되지 않는 것은 당연하지요. 그러기 위해서는 다시 새로운 한 세기가 필요한 일이었으니까요. 그 여러 모습들은 다음 시간에 살펴보도록 합시다.

한 가지 걱정되는 점은 내용상 미분과 적분이 사용되는 방법이기 때문에 아직 중학교 과정에 있는 학생이라면 조금 부담이 가는 대목도 있다는 사실입니다.

제자 일동 괜찮습니다. 오히려 더욱 기대가 되는걸요!

좋습니다. 여러분의 학구열에 가르치는 나도 멋진 심화 수업이 기대가 됩니다!

수학의 르네상스를 열었던 15세기 이후는 어땠나요?

16세기에는 삼각법을 포함한 산술과 대수가 발달했습니다.

계산할 일들이 많아진 거네요.

상업 도시가 성장하고 환경이 변하면서 그에 따른 산술과 기호, 수체계의 정비, 방정식 이론 등 네 분야에서 비약적 발전을 이루었던 것이지요.

산술 기호의 정비

방정식 이론 수체계의 정비

그래서 상업 도시가 크게 발달한 이탈리아에서 최초로 삼차, 사차 방정식 해법에 도전하고 성공한 것은 16세기 수학의 상징적 예라 할 수 있군요.

정확한 지적이에요. 이런 환경 변화에 따라서 원주율을 구하는 형태에도 변화가 생겼어요.

16세기 수학 발달 가운데 하나인 기호의 정비에 큰 공헌을 한 아마추어 수학자 비에트가 그 주인공입니다.

변호사 업무

낮 밤

수학 연구

비에트는 어떤 방법으로 원주율을 구했나요?

그는 삼각법을 효율적으로 활용해서 π를 대수적 연산으로 구성된 무한수열로 나타내려고 했지요. 이는 최초의 해석학적 시도라는 점에서 큰 의의가 있답니다.

비에트가 구한 원주율의 모습이 너무 신기해요.

비에트의 원주율

$$x = \cfrac{2}{\sqrt{\frac{1}{2}} \times \sqrt{\frac{1}{2} + \frac{1}{2}\sqrt{\frac{1}{2}}} \times \sqrt{\frac{1}{2} + \frac{1}{2}\sqrt{\frac{1}{2} + \frac{1}{2}\sqrt{\frac{1}{2}}} \times \cdots}}$$

비에트는 원주율을 어림짐작으로 계산하는 것이 아니라 '확실하게 참값을 향해 가는 과정'을 밝혔다는 점에서 질적으로 다른 해법이죠.

이론적으로 정확한 식을 처음으로 내놓은 것이군요.

심화 수업

원주율을 구하기 위해 지금까지 내접·외접 정다각형으로 접근하는 방법과는
출발부터 다르고, 전혀 다른 모습의 결과를 얻게 되는
새로운 형태의 원주율 계산법을 알아봅시다.

마지막 수업

심화 수업

교. 중등 수학 3-2   Ⅳ. 삼각비
과. 고등 수학 1-2   Ⅲ. 삼각함수
연. 고등 수학 Ⅰ   Ⅳ. 수열의 극한
계. 고등 미적분과   Ⅲ. 다항함수의 적분법
     통계 기본

원주율을 구하는 새로운 형태의
방법을 알아보자며 오일러는
마지막 수업을 시작했다.

출발부터 전혀 다른 원주율의 모습 1 _월리스의 식

앞에서 비교적 자세히 소개한 비에트의 π에 관한 업적은 '일정한 규칙에 따르는 어떤 값을 계속 이어지는 무한급수 꼴'의 공식으로 나타냈다는 점이 획기적입니다.

그렇지만 제곱근의 계산이 점점 더 많아져서 π값의 자릿수를 찾는 속도(수렴 속도)가 매우 느리다는 한계가 있었습니다. 여기서 '일정한 규칙에 따르는 어떤 값이 계속 이어지는 무한

급수 꼴'은 미분 개념을 담고 있습니다.

그렇지만 여전히 출발점을 원에 내접·외접하는 정다각형에서 찾는다는 점에서 아르키메데스의 방법과 동일합니다.

광인 이어지는 노력은 미분 개념을 적용하되 출발점을 달리하는 새로운 형태겠군요.

그렇습니다. 이처럼 새로운 출발점이란 반지름이 1인 사분원$\left(\text{원의 } \dfrac{1}{4}\right)$의 넓이가 $\dfrac{\pi}{4}$라는 사실입니다. 그것을 현대적 형태로 쓰면 다음과 같습니다.

$$\int_0^1 \sqrt{1 - x^2}\, dx = \frac{\pi}{4}$$

견자 졸지에 생소한 형태로 바뀌어서 마치 마술을 부린 것 같습니다.

그럴 만도 합니다. 그렇지만 거기에는 아직 희미했던 미분(무한히 쪼개는 분할 과정) 및 적분(무한히 작게 쪼개진 조각들을 모두 합하는 과정)에 대한 연구가 더 필요했습니다.

이와 같은 변화의 전주곡을 연주한 중간 연주자들의 이름을 열거하면 파스칼, 카발리에리, 토리첼리, 로베르발, 데자르그, 하위헌스, 데카르트, 페르마, 그리고 뉴턴의 기하학 교수였던 아이작 배로 등 실로 많은 사람들이 있었습니다.

광인 그러면 지금 소개하시려는 월리스(John Wallis, 1616~1675)는 앞의 식과 같은 적분 형태의 지식까지 모두 갖춘 인물인가요?

광인의 질문은 매우 중요한데, 아직은 그렇지 않습니다. 아직은 뉴턴(Isaac Newton, 1642~1727)과 라이프니츠(Gottfried Leibniz, 1646~1716)가 발견한 정적분 계산법을 모르는 시절이었고, 따라서 식의 좌변에 있는 적분을 할 수 없었습니다. 실제 월리스가 사용한 방법은 좌변을 이항 정리의 개념으로 풀되, 그것도 정수인 지수만으로 국한시킨 것이었습니다.

따라서 그의 계산은 특정한 귀납법과 보간법을 사용하는 복잡한 과정을 거쳐야 하는 길고도 고통스러운 작업이었습니다.

어쨌든 그는 《무한 산술》이라는 저서에서 자신의 이름을 붙인 다음과 같은 공식을 유도했습니다.

$$\pi = 2\left(\frac{2}{1} \cdot \frac{2}{3}\right)\left(\frac{4}{3} \cdot \frac{4}{5}\right)\left(\frac{6}{5} \cdot \frac{6}{7}\right)\cdots = 2\,\frac{2 \cdot 2 \cdot 4 \cdot 4 \cdot 6 \cdot 6 \cdots}{1 \cdot 3 \cdot 3 \cdot 5 \cdot 5 \cdot 7 \cdots}$$

제자 일동 와! 정말 아름답습니다.

그의 책을 보면 이 아름다운 공식을 얻기까지 얼마나 노력했는지를 알 수 있습니다. 그렇지만 오늘날 발달된 지식으로는 2가지 적분법을 이용해서 이 공식을 쉽게 유도할 수 있는데, 부분 적분이라는 기법을 반복 적용한다는 요령만 알려줄 테니 나중에 한번 도전해 보세요.

향원 제가 보기에는 이 공식도 원주율을 실제로 얻기에는 적절치 않아 보입니다. 특히 계속되는 곱셈의 형태가 여전합니다.

날카로운 지적입니다. 이 공식을 사용해도 원주율의 수렴속도가 느리다는 단점은 여전합니다. 그렇지만 공식의 모양을 잘 보세요. 비에트의 것과 비교해 보면 계산상의 장애가되는 제곱근이 사라진 형태입니다.

제자 일동 그렇군요!

월리스의 식이 무한 곱의 형태로 된 점은 비에트의 것과 같지만, 유리수만의 수열로 이루어졌다는 점에서 역사상 최초의 원주율 식이라는 빛나는 가치를 지닌 것입니다.

이 업적은 제논의 패러독스 때문에 그리스 인들이 지녔던 무한 개념에 대한 공포를 정면으로 돌파한 학문적 용기의 성과 중 하나입니다.

광인 이어서 소개해 주실 발전된 원주율 식은 어떤 것인가요?

그레고리-라이프니츠의 형태로 불리는 것인데, 두 사람이 독자적으로 같은 결과에 도달했기 때문에 붙여진 이름이지요.

출발부터 전혀 다른 원주율의 모습 2 _그레고리-라이프니츠의 식

나중에 뉴턴은 자신의 명성에 걸맞게 원주율 구하는 문제에서도 훌륭한 성과를 이루었습니다. 그가 이룬 업적은 기하학 과목의 스승인 배로와 방금 소개한 월리스가 얻은 결과를 기초로 삼고 미적분학 개념을 더욱 다듬어서 이룬 것입니다.

그렇지만 미적분학 발견에서 나름대로 뛰어난 공로를 세운 스코틀랜드의 젊은 수학자 그레고리(James Gregory, 1638~1675)의 연구는 알지 못했던 것 같습니다.

비록 성공하지는 못했지만, 19세기 말에나 해결된 문제인 π의 초월성 증명을 200년도 더 앞서서 시도한 것만 보아도 그레고리의 학문적 탁월함은 주목할 만한 것입니다.

향원 태어난 해가 뉴턴보다 불과 4년 앞선 1638년이던데, 같은 영토 안에서 뉴턴과 교류가 없었다는 점이 특이합니다.

여러 가지 이유가 있겠지만 뉴턴의 경우 수학 자체보다는 자연 현상에 관심이 우선이었으며, 무엇보다 그레고리는 36세라는 젊은 나이에 죽었습니다. 짧은 생애 동안 그가 발견한 많은 업적 중에서도 π에 관한 것은 역사에서 빼놓을 수 없는 성과를 이루었습니다. 그것은 아직도 그의 이름이 붙은 더하기 꼴의 무한급수 식(아크탄젠트 급수 또는 역탄젠트 급수라고 부름)입니다.

출발점은 월리스의 경우와 조금 다른 다음과 같은 적분 식입니다.

$$\int_0^x \frac{1}{1+x^2}\, dx = \arctan x$$

어렵게 보일지 모르지만, 왼쪽 식이 $\frac{1}{1+x^2}$ 이라는 분수식이 곡선에서 구간 $(0, x)$의 아래 면적이라는 점만 기억해 두세요. 그런 값이 x에 대한 역탄젠트 함수임을 발견한 것입니다. 한편 $\frac{1}{1+x^2}$ 이라는 분수식은 긴 더하기 꼴의 무한급수로 표현할 수 있습니다.

광인 분수식이 긴 더하기 꼴의 무한급수로 표시될 수 있다는 말씀이 전혀 이해되지 않습니다. 그 점도 그냥 넘어갈까요?

아닙니다. 마침 알맞은 때의 좋은 질문입니다. 1가지 쉬운 예를 보여 줄게요. $-1 < x < 1$이기만 하다면 다음과 같이 되는 것은 비교적 쉽게 알 수 있습니다. (공비가 x인 무한등비급수임)

$$\frac{1}{1-x} = 1 + x + x^2 + x^3 + x^4 + \cdots$$

그렇다면 $\frac{1}{1+x^2}$ 은 공비가 $-x^2$이라 할 수 있겠지요? 따라서 $\dfrac{1}{1+x^2}$ 을 급수로 전개하면 다음과 같습니다.

$$\frac{1}{1+x^2} = 1 - x^2 + x^4 - x^6 + \cdots$$

이런 식은 각각의 항별로 적분하면 되기 때문에 적분하기가 아주 쉽습니다. 실제로 적분한 결과는,

$$\int_0^x \frac{1}{1+x^2}\,dx = x - \frac{x^3}{3} + \frac{x^5}{5} - \frac{x^7}{7} + \cdots$$

이 되지요. 그렇다면 이제 식은,

$$\arctan x = x - \frac{x^3}{3} + \frac{x^5}{5} - \frac{x^7}{7} + \cdots \qquad \cdots\cdots ①$$

인 셈입니다. 이제 다 되었습니다. 여기서 $\arctan x$란 'tan( )$=x$ 되게 하는 ( )'를 의미합니다. 그러므로 $\arctan 1$이란 곧 'tan( )$=1$이 되게 하는 ( )'이므로 $\dfrac{\pi}{4}$입니다. 다시 말해, $\arctan 1 = \dfrac{\pi}{4}$이고, $\arctan 1 = 1 - \dfrac{1}{3} + \dfrac{1}{5} - \dfrac{1}{7} + \cdots$이므로 $\dfrac{\pi}{4}$ $= 1 - \dfrac{1}{3} + \dfrac{1}{5} - \dfrac{1}{7} + \cdots$이 성립합니다. 이 식의 양변에 4를 곱

하면 다음과 같습니다.

$$\pi = 4 \left(1 - \frac{1}{3} + \frac{1}{5} - \frac{1}{7} + \cdots \right) \qquad \cdots\cdots ②$$

이것은 윌리스의 식보다 훨씬 다루기 쉬워 보일 뿐만 아니라, 모습 자체도 우아합니다.

향원 이 식을 그레고리의 식이라고도 하지만 라이프니츠의 식이라고도 하는데 어느 쪽이 맞나요?

그레고리는 1671년에 식 ①을 발견했는데, 그해 라이프니츠와 주고받은 2월 15일 편지에서 이 사실을 알렸습니다. 한편 라이프니츠는 3년 후에 식 ①과 그 특별한 경우인 식 ②를 독자적으로 발견하였고, 1682년에 책으로 출판을 했습니다. 한편 식 ②는 나중에 펴낸 그레고리의 책에도 언급이 없었습니다.

그렇지만 200년이나 앞서 π의 초월성까지 연구했던 그레고리가 식 ①에다가 x 대신 1만 대입하는 것을 몰랐을 리 없습니다. 다만 그 사실을 중요하게 생각하지 않았던 것이 틀림없습니다.

왜냐하면 식 ②도 우아한 모습에 비하여 그 수렴 속도가 마치 숟가락으로 강물을 퍼내는 것과 같이 더디기 때문입니다.

　견자 얼마나 더디기에 숟가락으로 강물 퍼내기에 비유되나요?

　아르키메데스의 원주율 $3\frac{1}{7}$ 만 얻고자 해도 급수의 항이 300개가 넘어야 하며, 소수점 아래 100자리를 얻기 위해서는 무려 10^{50}개 이상의 항을 계산해야 합니다. 실감나는 예를 들자면, 사람이 1초에 하나의 항을 처리하는 속도로 지구의 생성 연령을 평생 계산해도 10^{50}의 $\frac{1}{5}$도 처리하지 못한답니다.

　견자 아직도 새로운 목표가 남아 있군요.

　그렇습니다. 원주율을 밝히는 식 중에서도 초고속 수렴 속도를 자랑하는 급수의 발견은 만능의 과학자 뉴턴의 과제로 넘어갑니다.

　향원 초고속 수렴 속도라고요? 어떤 형태의 식인지 정말 궁금합니다.

출발부터 전혀 다른 원주율의 모습 3
_뉴턴의 식

뉴턴은 진정으로 거인 중에서도 거인입니다. 우리는 그 사실을 π값을 계산하는 문제에서도 쉽게 확인할 수 있습니다. 그의 책 《미분과 무한급수의 방법론》에서는 함수를 미분과 적분 그리고 무한급수로 전개하는 과정에서, '이왕 내친 김에' 라는 단 4줄의 언급과 함께 원주율을 소수점 아래 16자리의 값까지 제시해 놓았습니다.

제자 일동 정말 초고속입니다!

비결은 수치 계산 능력보다는 수렴 속도가 뛰어난 급수를 발견해 내는 능력에 달렸던 것입니다.

광인 그레고리의 경우와는 또 다른 출발점을 보이겠군요.

그렇습니다. 뉴턴은 어떤 변수에 대한 미분과 적분을 자유로이 다룰 수 있는 최초의 인물이기에 가능했던 일입니다. 그 자신이 미적분 창안자의 한 사람이니까요. 그가 새로 발견한 식은 그레고리-라이프니츠의 식보다 조금 더 복잡합니다. 우선 식을 제시할 테니, 지금 어렵다고 느끼더라도 너무 실망하지 마세요. 대신 나중에 필요할 때 다시 찾아보기 바랍니다.

제자 일동 명심하겠습니다.

뉴턴이 찾은 것으로, 수렴 속도가 빠른 식의 출발점은 다음과 같습니다.

$$\int \frac{1}{\sqrt{1-x^2}}\,dx = \arcsin x$$

광인 겉모습은 그레고리-라이프니츠의 출발점과 비슷하군요.

그렇습니다. 그렇지만 피적분 함수에 제곱근호가 들어가 있기 때문에, 그 처리 방법은 월리스의 경우처럼 이항 정리를 이용해서 다음과 같이 해 주어야 합니다.

$$\int \frac{1}{\sqrt{1-x^2}}\,dx = \int \left(1 + \frac{1}{2}x^2 + \frac{1 \cdot 3}{2 \cdot 4}x^4 + \frac{1 \cdot 3 \cdot 5}{2 \cdot 4 \cdot 6}x^6 + \cdots\right)dx$$

이제 이 식은 그레고리–라이프니츠의 식과 마찬가지로 매우 손쉬운 각 항별 적분이 가능합니다. 그 결과는 다음과 같습니다.

$$\arcsin x = x - \frac{1}{2} \cdot \frac{x^3}{3} + \frac{1 \cdot 3}{2 \cdot 4} \cdot \frac{x^5}{5} + \cdots$$

한편 여기서 $\arcsin x$란 'sin( )$=x$가 되게 하는 ( )'를 의미합니다. 그러므로 '$\arcsin \frac{1}{2}$'이란 곧 'sin( )$=\frac{1}{2}$이 되게 하는 ( )'이므로 $\frac{\pi}{6}$입니다. 이에 따른 결과는 다음과 같습니다.

$$\frac{\pi}{6} = \left(\frac{1}{2} + \frac{1}{2 \cdot 3 \cdot 2^3} + \frac{1 \cdot 3}{2 \cdot 4 \cdot 5 \cdot 2^5} + \cdots \right)$$

$$\pi = 6 \left(\frac{1}{2} + \frac{1}{2 \cdot 3 \cdot 2^3} + \frac{1 \cdot 3}{2 \cdot 4 \cdot 5 \cdot 2^5} + \cdots \right)$$

우리는 여기서 1가지 사실만 추가로 강조하고 레온하르트 오일러, 즉 내가 개발한 방법으로 넘어가기로 하지요.

보다시피 뉴턴 식의 항들이 복잡해 보이지만 바로 거기에 빠른 수렴 속도의 핵심이 들어 있다는 사실, 그리고 실제 계산에서 뉴턴이 사용한 식은 이와 조금 다르다는 사실을 강조해 두는 바입니다.

견자 뉴턴 식의 수렴 속도가 얼마나 빠른지 궁금해요.

소수점 아래 16자리까지 얻는 데 달랑 22개 항만 계산하면 되지요!

제자 일동 정말 초고속이네요!

출발부터 전혀 다른 원주율의 모습 4 _오일러의 식

편의상 내 이름을 그대로 부르면서 설명을 하겠습니다.

오일러는 페르마(Pierre de Fermat, 1601~1665)의 "$2^{2^n}+1$의 꼴을 갖는 정수는 모두 소수이다"라는 주장을 가볍게 계산한 끝에 반박했습니다. 즉 $2^{2^5}+1=4{,}294{,}967{,}297$인데, 이 값이 $6{,}700{,}417 \times 641$로 인수분해됨을 대수롭지 않게 발견했지요. 그의 나이 29세인 1732년의 일입니다.

제자 일동 컴퓨터를 사용하지 않고는 그렇게 큰 수의 소인수분해는커녕 소수 판정도 어려운데, 정말 존경스럽습니다.

아닙니다. 지금까지 소개한 학자들을 비롯한 많은 선배들이 있었기 때문에 가능한 것이지요. 거기에 비상한 계산 능력이 큰 도움이 되긴 했습니다. π에 관련된 논문만 해도 한 트럭 분이 되니까요.

견자 아니, π와 관련해서 연구할 것이 그렇게나 많았나요? 저는 그 점이 놀랍습니다.

어쩌면 원주율 π의 값을 정하는 일은 이미 뉴턴의 시대에 끝났다고 해도 과언이 아닙니다. 이제부터는 그동안 쌓아올린 노력과 성과를 바탕으로 지금까지 해결할 수 없었던 문제들을 해결하는 일과 예측할 수조차 없었던 새로운 사실을 발견하는 일이 기다리고 있습니다. 이를테면 오일러의 바로 위 선배들을 수십 년간이나 괴롭혀 온 제곱의 역수로 된 급수의 값을 구하는 문제가 있었습니다.

$$\frac{1}{1^2} + \frac{1}{2^2} + \frac{1}{3^2} + \frac{1}{4^2} + \cdots$$

라이프니츠나 그이 스승인 베르누이(Johann Bernoulli, 1667~1748) 같은 쟁쟁한 수학자들도 좌절하고 만 이 문제를 오일러는 1736년에 아주 가볍게 해결했습니다. 그 결과는 놀랍게도 다음과 같습니다.

$$\frac{1}{1^2} + \frac{1}{2^2} + \frac{1}{3^2} + \frac{1}{4^2} + \cdots = \frac{\pi^2}{6}$$

향원 아니, 그냥 π도 아니고 π의 제곱이 등장하네요!

많은 논문들에 나타난 성과 가운데 일부만 열거해 보이지요.

$$\frac{1}{1^2} + \frac{1}{3^2} + \frac{1}{5^2} + \cdots = \frac{\pi^2}{8}$$

$$\frac{1}{1^2} - \frac{1}{2^2} + \frac{1}{3^2} - \frac{1}{4^2} + \cdots = \frac{\pi^2}{12}$$

$$\frac{1}{1^4} - \frac{1}{2^4} + \frac{1}{3^4} + \cdots = \frac{2^2}{5!3}\pi^4 \ (단, \ 5! = 5 \cdot 4 \cdot 3 \cdot 2 \cdot 1)$$

$$\frac{1}{1^{26}} + \frac{1}{2^{26}} + \frac{1}{3^{26}} + \cdots = \frac{2^{24} \cdot 76977927}{27!}\pi^{26}$$

제자 일동 와, 정말 무궁무진하군요!

그렇습니다. 1가지만 더 소개하지요. 실제로 π의 값을 정하는 가장 빠른 수렴 속도의 식은 그레고리-라이프니츠의 식에서와 같은 역탄젠트 함수의 적분에서 출발하는데, 다음과 같습니다.

$$\pi = 20\arctan\frac{1}{7} + 8\arctan\frac{3}{79}$$

(단, $\arctan x = \dfrac{y}{x}\left(1 + \dfrac{2}{3}y + \dfrac{2\cdot4}{3\cdot5}y^2 + \dfrac{2\cdot4\cdot6}{3\cdot5\cdot7}y^3 + \cdots\right)$

이고, $y = \dfrac{x^2}{1+x^2}$ 임)

보기에는 복잡해 보이지만 성능은 무척 좋습니다. 이 식의 초고속 수렴 속도 덕택에 오일러는 소수점 아래 20자리까지 계산하는 데 딱 1시간이 걸렸습니다!

제자 일동 놀라울 따름입니다!

견자 이젠 정말로 π에 대해서 속속들이 다 밝혀졌겠군요.

결코 그렇지 않습니다. π의 연구를 통해서 얻는 큰 교훈이 있다면, 알면 알수록 더욱 많은 연구 과제가 생긴다는 것입니다.

이를테면 오일러가 의문을 제기하여 무려 107년 동안이나 수학자들을 꼼짝 못하게 한 문제 'π는 초월수인가?'가 있습니다. 마침내 1882년에 린데만이 π가 초월수임을 증명함으로써 큰 숙제가 일단 완료되었습니다.

그렇지만 그로 인해서 더욱 충격적인 사실도 같이 밝혀졌습니다. 그중 가장 놀라운 것은 '수의 세계'에 있는 식구들 중에 가장 많은 것이 초월수라는 사실입니다! 또한 π와는 다른 초월수인 e가 밀접한 관계가 있다는 사실은 전혀 예상치 못한 대단한 발견입니다. 그런 발견으로 새로운 강력한 지식을 얻음과 동시에 그보다 더 많은 새로운 연구 과제를 갖게 됩니다.

더욱 중요한 사실은, 알면 알수록 π 연구 성과의 쓰임새도 더 많이 생긴다는 것입니다. 이를테면 컴퓨터의 성능이 발달함에 따라 π의 기나긴 소수 행렬은 역으로 컴퓨터의 연산

수학자의 비밀노트

초월수

초월수란 1, 2, 3, 4, …와 같은 자연수를 아무리 더하거나 빼거나, 곱하거나 나누거나, 심지어는 거듭제곱의 근을 구하더라도 발견되지 않는 수이다. 보통 방정식의 답으로는 나타나지 않는 특이한 수라고 보면 된다.

능력의 테스트에 필수적인 값이 됩니다. 또한 길면 길수록 좋은 암호의 무작위 열쇠 숫자로도 제격입니다. 이런 쓰임새는 π를 처음 연구했던 이집트나 메소포타미아 사람들은 물론이고 뉴턴이나 오일러, 린데만도 상상조차 할 수 없었던 것이지요.

견자 더 이상 연구할 것이 없어서 고민할 필요는 전혀 없군요.

향원 연구 성과를 쓸 데가 없어서 고민할 필요는 더욱 없고요.

광인 결국 π의 역사는 앞으로도 계속될 인류 역사의 단면이군요.

그렇죠. 여러분은 그 한가운데 막 들어선 주인공들입니다, 하하하.

선생님, 이젠 π에 대해서 속속들이 다 밝혀진 것이겠죠?

결코 그렇지 않아요. π 연구는 하면 할수록 더욱 많은 연구 과제가 생긴답니다.

내가 제기한 의문인 'π는 초월수인가?'라는 것을 들 수 있어요. 이 문제는 무려 107년 동안이나 수학자들을 꼼짝 못하게 했던 문제이지요.

와, 107년이나요?

파이는 초월수인가?

그런데 초월수가 무엇인가요?

유리수를 계수로 하는 대수방정식의 근으로서 구할 수 있는 수를 대수적 수, 대수적 수가 아닌 수를 초월수라고 합니다.

대수적 수가 아닌수 = 초월수

그럼 누가 밝혀냈나요?

마침내 1882년에 린데만이 π가 초월수임을 증명하여 일단 큰 숙제가 끝난 셈이지요. 그런데 더욱 놀라운 것은 '수' 중에서 가장 많은 것이 초월수라는 사실입니다.

우린 패밀리야

π   e

또한 중요한 사실은, π를 연구하여 얻은 성과의 쓰임새도 더 많이 생긴다는 것입니다.

정말요? 어떤 것이 있지요?

이를테면 π의 소수점 아래 숫자를 구하는 것은 컴퓨터의 연산 능력을 테스트하는 데 필수적이지요. 또 암호의 무작위 열쇠 숫자로도 제격이랍니다.

와, π의 쓰임새는 앞으로 더 다양해지겠네요.

π=3,141592653589793
238462643383279502
841971693993751058
209749445923078164
062862089986280348
253421170679821480
865132823066470938
446095505822317253
594081284811174502…

수학계의 모차르트이자 베토벤
오일러 Leonhard Euler, 1707~1783

오일러의 학문은 라이프니츠의
세례로 문을 연 스위스 수학 명문
베르누이 가문의 문하생을 거쳐
당대 수학을 절정에 이르게 했다
는 점에서 수학계의 모차르트로
불리기도 합니다. 모차르트 역시

음악 명문 바흐 가문의 문하생을 거쳐 당대의 음악을 절정에
이르게 했기 때문입니다.

일찍부터 수학 신동이었던 오일러는 31세에 오른쪽 눈의
시력을 잃었고, 나중에는 백내장 수술을 하고서 완전히 실명
했습니다. 하지만 두 눈이 멀었음에도 불구하고 1765년 이
후에 그의 업적의 반을 만들어 냈습니다.

오일러는 886편의 책과 논문을 남겼으며, 해석학, 미분 방정식, 특성 함수, 방정식론, 수론, 미분 기하학, 사영 기하학, 확률론 등 수학의 모든 분야에서 학문적 자취를 남겼습니다. 그는 무엇보다 해석학과 해석 기하학, 삼각법에서 큰 도약을 이루었습니다. 결국 그는 라이프니츠의 미적분학과 뉴턴의 미적분법을 수학적 해석학으로 통합하였습니다.

이외에도 오일러의 업적은 모두 설명할 수 없을 만큼 많습니다. 최근 전 세계적으로 열풍을 일으키고 있는 두뇌 개발 게임인 '스도쿠'의 창시자도 실은 오일러라 할 수 있습니다.

오일러는 1783년 9월 7일 갑자기 세상을 떠났습니다. 그는 실명했음에도 불구하고 죽는 순간까지 수학적인 활동을 멈추지 않았습니다. 보고된 바에 의하면 마지막 날을 손자들과 함께 최근의 정리와 천왕성에 대한 이야기를 하며 보냈다고 합니다. 오일러는 그야말로 '죽어서야 비로소 계산을 멈춘 수학자'입니다.

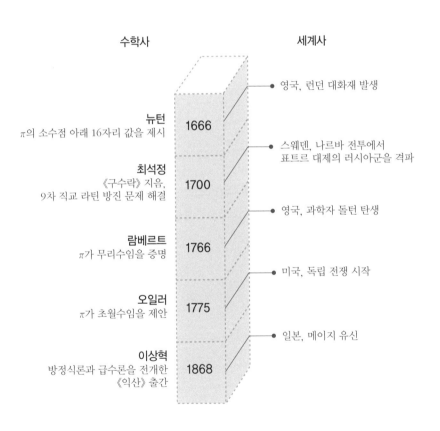

수 학   연 대 표

언제, 무슨 일이?

수학사

뉴턴
π의 소수점 아래 16자리 값을 제시

최석정
《구수략》 지음,
9차 직교 라틴 방진 문제 해결

람베르트
π가 무리수임을 증명

오일러
π가 초월수임을 제안

이상혁
방정식론과 급수론을 전개한
《익산》 출간

1666

1700

1766

1775

1868

세계사

● 영국, 런던 대화재 발생

● 스웨덴, 나르바 전투에서
표트르 대제의 러시아군을 격파

● 영국, 과학자 돌턴 탄생

● 미국, 독립 전쟁 시작

● 일본, 메이지 유신

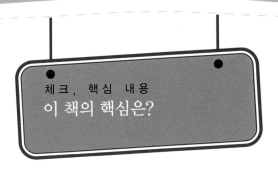

1. 모든 원은 지름에 대한 둘레의 비가 일정한 값을 갖는데, 그 비를 일컬 어 □□□ 이라 하고, 기호로 π로 쓰며 □□ 라고 읽습니다.

2. 고대 수학에서 얻어낸 원주율 값들 가운데 가장 빈번하게 나타나는 세 가지는 3, $3\frac{1}{8}$, $3\frac{1}{7}$ 인데, 이중 $3\frac{1}{8}$ 은 □□□□□ 에서 발견되었 습니다.

3. 아폴로니우스는 □ 에 대하여 '두 정점으로부터 떨어진 거리의 비가 일정한 점들의 모임' 이라고 정의했습니다.

4. 호의 길이가 반지름 길이와 같은 부채꼴의 중심각을 1로 잡아 주는 방 식을 □□□ 이라 합니다. 이때 단위는 '도' 가 아닌 '□□□' 입니 다.

5. 르네상스 이전에는 서양의 원주율이 결코 정밀한 값이 아니었지만 르 네상스를 거치면서 삼각법과 호도법이 개발되었고, 이어 뉴턴과 라이프 니츠에 의해 □□□ 이 개발되어 급속도로 발전을 이뤘습니다.

1. 원주율, 파이 2. 바빌로니아 3. 원 4. 호도법, 라디안 5. 미적분

원주율의 정밀한 값을 구하는 데는 엄청난 양의 계산이 필요합니다. 이런 어려움을 역으로 이용한 것이 슈퍼파이 (super PI)라는 컴퓨터 성능 테스트 프로그램입니다.

즉, π값을 연산하여 컴퓨터의 성능을 테스트하는 프로그램입니다.

원주율 값을 일정 자리까지 연산하는 데 걸리는 시간은 컴퓨터(특히 CPU)의 성능을 알려 주는 표준적인 비교 정보가 됩니다. 즉, π값을 연산하는 데 걸리는 시간이 짧을수록 성능이 좋은 것이고, 길수록 성능이 좋지 않은 것이지요. 이는 마치 자동차의 성능을 정지 상태에서 시속 100km에 도달하는 데 걸리는 시간으로 비교하는 것과 비슷합니다.

컴퓨터의 성능은 π값만으로 단순히 측정할 수 없으며, 슈퍼파이 테스트는 CPU의 영향을 많이 받습니다. 실제 실행은 연산할 값을 세팅하고 확인을 누르면 소요 시간이 계산되는 것으로 매우 간단합니다. 계산된 시간이 짧을수록 성능이 높다고 할 수 있으며, 대부분의 컴퓨터의 경우 1m의 계산 값을 표준으로 삼습니다.

1m이란 소수점 아래 100만 자리까지 계산하는 경우를 말합니다. 보통 이를 19회 반복 실행한 총 소요 시간이 결과 값입니다.

경우에 따라서는 1m 이상의 연산 값을 선택하는 경우도 있는데, 그것은 안정성을 테스트하는 차원에서 그렇게 하는 것입니다.

찾 아 보 기
어디에 어떤 내용이?

ㄱ

구장산술 53, 66

그레고리 132, 135

ㄴ

뉴턴 72, 137

ㄷ

단위원 116

덧셈 정리 100

디오판토스 94

ㄹ

라디안 104

라이프니츠 135

람베르트 17

레기오몬타누스 101

로제타석 20

롤린 파피루스 32

루돌프의 수 120

린데만 18

린드 파피루스 32

ㅁ

무리수 17

무한급수 58, 133

ㅂ

바스카라 44

반각 공식 86, 98

배각 공식 99

베르누이 141

브라마굽타 46

비에트 112, 118, 127

ㅅ

3대 작도 문제 74

삼각함수 85

ㅇ

60진법 23

아르키메데스 45, 77, 87, 94

아리아바타 43

아메스 파피루스 32, 35

아폴로니우스 91, 94

연역법 77

영 33

오토 60, 113

원의 둘레 15

원주율(π) 16, 34, 55, 74, 111, 130

월리스 129

유클리드 94

유휘 55, 66

율력지 60

음수 42

ㅈ

조충지 59, 66, 113

ㅊ

초월수 18, 144

ㅌ

탈레스 72

ㅍ

파포스 91, 94

파피루스 32

페르마 140

프톨레마이오스 92

피타고라스 42

피타고라스의 정리 100

ㅎ

해리스 파피루스 32

헤론 91, 94

호도법 103, 106

휘율 55, 59